弹性景观

——风暴潮适应性景观基础设施

冯 璐 著

东南大学出版社
·南京·

图书在版编目(CIP)数据

弹性景观:风暴潮适应性景观基础设施/冯璐著. —南京:东南大学出版社,2020.3
ISBN 978-7-5641-8860-3

Ⅰ.①弹… Ⅱ.①冯… Ⅲ.①城市景观—基础设施建设—研究 Ⅳ.①TU986.2

中国版本图书馆CIP数据核字(2020)第037876号

弹性景观:风暴潮适应性景观基础设施

Tanxing Jingguan: Fengbaochao Shiyingxing Jingguan Jichu Sheshi

著　　者:冯　璐
出版发行:东南大学出版社
社　　址:南京市四牌楼2号　　邮编:210096
出 版 人:江建中
责任编辑:杨　凡
网　　址:http://www.seupress.com
电子邮箱:press@seupress.com
经　　销:全国各地新华书店
印　　刷:江苏凤凰数码印务有限公司
版　　次:2020年3月第1版
印　　次:2020年3月第1次印刷
开　　本:700 mm×1000 mm　1/16
印　　张:13.5
字　　数:286千字
书　　号:ISBN 978-7-5641-8860-3
定　　价:69.00元

本社图书若有印装质量问题,请直接与营销部联系。电话:025-83791830

前言

随着全球气候变暖，沿海地区风暴潮灾害日益严重，构建灾害适应性的弹性城市成为研究热点，而景观基础设施在城市中发挥着越来越大的作用，在风暴潮适应性建设中有着巨大的潜力。如何引入弹性城市的理念，通过景观基础设施提高城市面对风暴潮的适应性成为本书研究的出发点。本书将弹性城市理论作为依托，指导景观基础设施应对风暴潮的策略研究，同时结合景观基础设施的特点拓展和延伸弹性城市的内涵，并以实践为反思，思考理论在现实中的应用。

对弹性城市的思考和关注最开始来自笔者研究生期间参加的一个关于应灾景观的设计竞赛，笔者和队友选取了一个面临严重水土流失和山体滑坡的河谷城市作为研究对象，开始思考风景园林在防灾避灾和灾后修复中能够扮演的角色。后来因为机缘巧合，笔者在美国哥伦比亚大学留学期间参加的一个 Studio，主题即是“弹性城市”，这提供了一次近距离接触弹性城市理论和实践的机会。而哥伦比亚大学开展这个 Studio 的主要契机是 2012 年纽约遭遇了历史上最大的飓风 Sandy（桑迪），造成了巨大的人员伤亡和经济损失。Sandy 后各个机构开始思考弹性城市的问题，笔者所在的建筑学院也开始重新思考城市设计如何能够影响一个城市，提高城市弹性。在该 Studio 中，笔者调研了纽约五个区的受灾情况，目睹了纽约遭受的巨大破坏。联想到笔者的出生地——江浙沿海地区也经常遭受风暴潮灾害，以后自己居住的城市，甚至自己居住的社区也可能遭受风暴潮的侵袭，笔者逐渐坚定了进行风暴潮方面研究的想法。

此后，笔者参与了纽约 Rockaway 的弹性街区设计项目。此团队里有建筑背景、规划背景和景观背景的设计师，也请来了纽约规划部门、应灾部门的专业人士和我们共同进行探讨。在此期间，各个角度的弹性城市建设策略被提出来进行研究，而具有景观背景的笔者也试图从景观层面对弹性城市进行思考。当时纽约在灾后举行过城市设计竞赛并举行展览，最后入围和引起广泛关注的几个方案都将景观基础设施作为重要的研究对象并提出了大胆的构想。于是笔者开始思考在弹性城市构建当中景观基础设施将发挥越来越大的作用并值得加以关注和进行深入研究。笔者感到身处纽约，能够参与纽约的规划设计是一个很好的契机。因为纽约刚刚经历过风暴潮灾害，这提供了一个最鲜明和直接的案例，供我们研究其成功与失败之处，而在纽约的时间也给笔者提供了走访各个景观项目的机会。后来，关于弹性景观的研究一直持续到笔者进入上海的高校工作，其间一直在拓展研究内容，故将具有先进经验的鹿特丹增加为研究对象，同时对所处的上海进行思考，由此形成了本书的框架。

纽约案例部分自2013年开始由笔者在美国期间撰写完成，回国后又在博士阶段进行了弹性城市和风暴潮适应性景观的理论研究，并逐渐丰富本书的主体内容。工作后笔者又在学院和相关课题的支持下完成了鹿特丹和上海部分的案例研究，并对之前的内容进行提升和完善。本书是笔者长期以来对弹性景观研究的理论、成果、方法的总结和思考，以期对未来的研究提供基础和支撑。

弹性景观是个很大的命题，涉及各种灾害适应。风暴潮适应性的弹性景观只是其中的一个部分，而即使在这个部分，也涉及多个学科、多个空间尺度、多方管理运营，因此还有待持续、深入的研究。本书是对弹性景观的初步探索，书中的不足之处在所难免，恳请各位读者批评指正。

冯　璐

2019年10月于上海

目　录

CONTENTS

1 绪 论

1.1 研究背景

1.1.1 全球气候变化使风暴潮防御成为城市发展的重要工作

IPCC(联合国跨政府合作气候变化专门委员会)2014 年的评估报告中指出，从 1880 年到 2012 年，全球水陆表面平均气温上升了 0.85 ℃，从 1983 年到 2012 年的 30 年间是北半球过去 1 400 年里最热的 30 年。从 1901 年到 2010 年，全球平均海平面上升达到了 0.19 m，从 19 世纪中期开始，海平面上升的幅度比过去 2000 年的幅度要大得多。在未来的几百年甚至几千年里，全球平均气温将上升 1～4 ℃，造成海平面上升 4～6 m[①]。这将造成海拔较低的地区被淹没，海水入侵增加的水体盐度将对生态系统造成极大的破坏，严重威胁海洋及沿海淡水环境的生态平衡。另外，海平面上升使风暴潮的发生更加频繁，破坏更加严重。

沿海城市是风暴潮灾害的多发地。全世界有 4 600 万人口受到风暴潮影响，海平面如果继续上升 50 cm，将使受灾人口增加到 9 200 万，如上升 100 cm，受灾人口将达到 11 800 万[②]。近年来，Katrina、Sandy 等沿海风暴不断刷新受灾人数和财产损失的上限，而气候变化使得这些城市面临更加严峻的挑战。研究发现，美国沿海城市遭遇像 Katrina 这样的毁灭性风暴潮的概率已经增加一倍，在未来十年，此概率将增加十倍[①]。如何使沿海城市适应气候变化，更好地抵御风暴潮灾害已经成为近年来人们关注的热点。如荷兰每人每年花费大约 100 美金用于风暴潮的防御；在孟加拉国，甚至 1/4 的财政收入被用于应对风暴潮灾害[②]。可见，在全球气候变化、海平面上升的背景下，风暴潮灾害日益严重，如何做好风暴潮防御工作将是决定城市生存和发展的重要问题。

---

① IPCC，http://www. ipcc. ch/pdf/assessment-report/ar5/syr/SYR _ AR5 _ LONGERREPORT _ Corr2. pdf

② 王祥荣，王原. 全球气候变化与河口城市脆弱性评价——以上海为例[M]. 北京：科学出版社，2010.

1.1.2 快速城市化发展给沿海城市带来巨大压力

预计到2050年,世界人口的70%将是城市居民。2007年至2050年期间,城市居民人数预计将增加31亿,从33亿增至64亿,而世界人口将增加25亿①。沿海地区由于土地肥沃、交通发达,一直是人类发展的聚集地。全球50%~70%的人口分布在海岸带,前15个大城市中,有11个位于沿海地区,人口超过160万的大中型城市有2/3都分布在沿海地区②,如上海、纽约、东京、伦敦、鹿特丹等。这些城市控制着全球的经济命脉,也对文化、政治起着重要的作用。可见,城市地区将受到由于人口快速增长带来的冲击,而沿海城市作为城市中最发达的区域受到的影响将首当其冲。

在快速城市化的过程中,各种城市问题的加剧使城市更加脆弱。如大量的建设用地代替了自然生态区,大量的人类活动降低了生物多样性,各种污染排放破坏了生态平衡等等。城市对环境的负荷越来越重,将超过环境所能反弹的限度。而全球气候变化更加加剧了灾难的频发,日益脆弱的城市将无法应对灾难对于城市毁灭性的打击。人类一方面要继续寻求发展城市,满足对于城市生活的需求;另一方面更加脆弱的城市使这一需要越来越难以满足。因此如何使城市科学、可持续地发展,协调人口与环境的关系,从而使城市更加具有应对各种冲击的弹性,是未来一项十分重要的工作。

1.1.3 风景园林学科不断拓展和完善

美国20世纪景观设计与环境规划领域最重要的人物之一约翰·西蒙兹(John O. Simonds)曾在其著作《风景园林学》(*Landscape Architecture*)中指出"风景园林师的终生目标和工作内容,即帮助人类,使人、建筑物、社区、城市以及他们共同生活的地球和谐相处"③。作为一门古老的学科,风景园林不断拓展完善,从为少数人服务拓展到为全人类和整个生态系统服务;从单一的美学、文化价值观拓展到生态、文化、经济等多重复合价值;也从微观中观尺度拓展到宏观甚至全球尺度。在不断拓展的同时,风景园林学科也相应地承担起更多的责任。21世纪,人类发展面临气候变暖、能源紧缺、环境危机等世界范围内的挑战,而风景园林的发展与时代背景、国际危机息息相关。风景园林学科的核心是处理人与环境的关系,其特点在于多学科的融合。继续拓展风景园林内涵和应对环境危机应成为专业发展的

---

① http://www.un.org/zh/development/population/urbanization.shtml

② 王祥荣,王原. 全球气候变化与河口城市脆弱性评价:以上海为例[M]. 北京:科学出版社,2010.

③ 约翰·O西蒙兹,著. 景观设计学:场地规划与设计手册[M]. 3版. 俞孔坚,王志芳,等译. 北京:中国建筑工业出版社,2000.

重要工作。因此,风景园林应当充分发挥学科特点,促进跨学科合作,在学科交叉中促成研究创新。而弹性城市作为新发展起来的应对城市灾难危机的研究正处于开始阶段,仍然有许多领域需要发展。风景园林作为关系城市发展的重要组成部分,也在防御洪水、地震灾害等领域取得了许多理论和实践成果,将对弹性城市的发展起到重要作用。

2011 年 3 月风景园林学被教育部列为一级学科,这是社会对风景园林专业的肯定,也为风景园林的发展提供了契机。综合风景园林学科不断发展的历史背景以及在新时代所赋予的责任和契机,进行弹性城市思想下景观基础设施的研究具有重要意义。

1.2 研究范围

本书主要针对龙卷风、台风等热带风暴所引起的风暴潮灾害进行研究,并将气候变化和海平面上升考虑其中。然后以弹性城市理论为指导,将景观基础设施作为主要研究对象。整个研究主要考虑风暴潮中水的因素,而不侧重风的影响。

1.3 概念解析

1.3.1 弹性城市

弹性的概念最早由美国生态学学者 Holling 提出,他认为弹性最基本的含义是系统有化解外来冲击并在危机出现时仍能维持其主要功能运转的能力①。后来弹性的概念被引入城市规划领域。Alberti 等将弹性城市定义为:城市一系列结构和过程变化重组之前,所能够吸收与化解变化的能力与程度②。弹性联盟(Resilience Alliance)将弹性城市定义为:城市或城市系统能够消化并吸收外界干扰,并保持原有主要特征、结构和关键功能的能力③。

笔者认为,弹性城市包括以下几个特点:(1)弹性城市研究了冲击过后城市重新恢复的能力,而冲击前后的状态可以不同。(2)弹性城市是一个时间和空间的相

① Holling C S. Resilience and stability of ecological systems[J]. Annual Review of Ecology and Systematics, 1973 (4): 1-23.

② Alberti M, Marzluff J M, Shulenberger E, et al. Integrating humans into ecology: Opportunities and challenges for urban ecosystems[J]. BioScience, 2003, 53(12): 1169-1179.

③ Resilience Alliance. Urban Resilience Research Prospectus. Australia: CSIRO, 2007.[2011-5-20] http:// www.resalliance.org/index.php/urban_resilience.

对概念，弹性城市没有一个统一的标准，而是特定于某一个城市和该城市的某一特定时间。(3)弹性城市不是一个静态过程，而是一个动态过程，不论是遭受干扰后的变形，还是反弹恢复，都是一个变化的过程，而没有一个固定的状态。(4)弹性城市是一个复合的概念，它包括了生态、工程、经济和社会等各个领域，且各领域之间紧密联系。

1.3.2 风暴潮

风暴潮(storm surge)是由强烈的大气扰动，如热带气旋、温带气旋、冷锋的强风作用和气压骤变等强烈的天气系统，引起的海面异常升降现象①，又称“风暴增水”“风暴海啸”“气象海啸”或“风潮”。在我国历史文献中也被称为“海溢”“海侵”“大海潮”等。风暴潮会使受到影响的海区潮位大大超过正常值，其空间尺度范围约为几十千米到上千千米，介于地震海啸和低频天文潮波之间②。

1.3.3 适应性

“适应性”一词英文为“adaptability”，最早来源于拉丁文“adapto”，意为一个系统能够有效适应自己到变化的环境中去的能力③。不同领域对适应性也有不同的理解，在自然灾害研究领域，适应性被定义为：在一定的环境条件下，人类面临自然灾害风险所做出的一种行为决策，是人类所采取的长期应灾策略(如忍受损失、减轻风险、风险转移等)以及相应的行为响应方式，包括减灾的技术、政策等方面。具体表现为人类为应对自然灾害而对社会生态系统的结构以及功能上所做的调整④。

笔者认为在应对风暴潮角度，适应性强调了人类所采取的措施不是硬性的抵抗，而是通过协调达到和风暴潮的适应。这是一种更加缓和、互动的方式，更加符合弹性城市的理念。

1.3.4 景观基础设施

“基础设施”是指“为社会生产和居民生活提供公共服务的工程设施，是用于保证国家或地区社会经济活动正常进行的公共服务系统”。按自身属性，分为工程性

---

① http://en.wikipedia.org/wiki/Storm_surge

② 刘俊.关注风暴潮·巨浪·潮汐[M].北京：军事科学出版社，2011.

③ adaptability. http://en.wikipedia.org/wiki/Adaptability，2015-02-01.

④ 尹衍雨，王静爱，雷永登，等.适应自然灾害的研究方法进展[J].地理科学进展，2012，31(7)：953-962.

基础设施(道路、水电设施等)和社会性基础设施(学校、医院、剧场等)①。

景观基础设施概念是由加里·斯特朗(Garry Strang)在1996年首次提出②。在前人的研究基础上,皮埃尔(Pierre)提出了综合性的“景观基础设施”概念,把景观基础设施的范畴扩展为“系统的、为城市提供服务的、较大尺度的、承载资源和能量流动的,能体现城市发展过程和动态变化的景观;并且是支撑和培育城市经济发展的重要载体”③。该概念重点探讨了景观和基础设施相结合的可能性。学术上有一系列相似概念的提法,例如“景观作为基础设施(Landscape as Infrastructure)”“景观化的基础设施(Landscape of Infrastructure)”“作为景观的基础设施(Infrastructure Landscape)”等。

笔者认为,景观基础设施包括以下两个方面:(1)景观与灰色基础设施进行结合,为其美化、生态化、多功能化,成为城市发展和生态环境的润滑剂。(2)景观作为基础设施来协调城市的能源、生产、交通、卫生、环境安全、社会经济等各个系统,引导可持续的城市发展。在应对风暴潮的弹性景观基础设施中,本书并不倡导利用景观基础设施来取代灰色基础设施,而是强调发挥两者的特长并将两者结合,同时达到景观基础设施协调各系统共同发展的作用。

1.3.5 概念辨析

1.3.5.1 弹性城市与海绵城市

海绵城市是指城市能够像海绵一样,在适应环境变化和应对自然灾害等方面具有良好的“弹性”,下雨时吸水、蓄水、渗水、净水,需要时将蓄存的水“释放”并加以利用④。海绵城市希望改变城市原来利用管渠、泵站等灰色设施来统一收集、快速排水的城市雨水管理方式,转变为更加绿色可持续地从源头到末端全程雨水收集利用的管理方式。

与海绵城市相比,弹性城市的内涵更加广泛。海绵城市主要针对雨水管理、城市水文循环,弹性城市则包括生态、经济、工程和社会等多个层面,强调各系统间的配合协作,从而达到一个弹性的整体,而雨水管理也在其中。本书的主要研究对象为景观基础设施,也希望能够通过景观基础设施创造一个联系各系统的桥梁,从而构建弹性城市。因此本书选用弹性城市理论为基本的理论出发点。

其次,弹性城市与海绵城市相比,侧重点有所不同。弹性城市强调了城市应对

---

① 基础设施. http://baike.baidu.com/view/211721.html,2012-01-30

② Corner J. Recovering Landscape: Essays in Contemporary Landscape Architecture[M]. New York: Princeton Architectural Press, 1999.

③ Belanger P. Landscape as infrastructure[J]. Landscape Journal, 2009, 28(1): 79-95.

④ 住房和城乡建设部.海绵城市建设技术指南——低影响开发雨水系统构建(试行)[S].

外来冲击和处理危机的能力，海绵城市并没有强调这一点，而是把城市日常对环境变化的应对作为主要研究内容。本书主要研究城市在面对风暴潮灾害时的应对策略，因此弹性城市更加具有指导意义。

1.3.5.2 景观基础设施与生态基础设施、绿色基础设施

生态基础设施(Ecological Infrastructure, EI)一词最早见于 1984 年联合国教科文组织的“人与生物圈计划(MAB)”。其核心是维护生命土地的安全和健康的关键空间格局，是城市和居民获得持续的自然服务(生态服务)的基本保障，是城市扩张和土地开发利用不可触犯的刚性限制①。

绿色基础设施最早的定义出现在 1999 年 8 月。美国保护基金会(Conservation Fund)、农业部森林管理局(USDA Forest Service)、联合政府机构以及有关专家组成了“GI 工作小组 (Green Infrastructure Work Group)”，并将 GI 定义为：GI 是国家的自然生命支持系统——一个由水道、湿地、森林、野生动物栖息地和其他自然区域，绿道、公园和其他保护区域，农场、牧场和森林、荒野和其他维持原生物种、自然生态过程和保护空气和水资源以及提高美国社区和人民生活质量的荒野和开敞空间所组成的相互连接的网络。

生态基础设施、绿色基础设施的概念和含义有许多重复，主要不同点在于概念的出发点和研究尺度。生态基础设施的概念是出于生物保护的目的②，绿色基础设施的概念是出于保护生态提高城市生活质量。生态基础设施主要应用在洲际、国家和区域尺度③，而绿色基础设施涵盖了从全国到社区各个空间尺度。近年来随着两个概念的不断发展和拓展，其相互重叠的部分不断增加，概念也不断趋同。

绿色基础设施和生态基础设施都将城市绿色和自然环境提到“基础设施”的高度，而不再从属于其他城市系统。两者强调了在城市生态和城市功能中的重要性，而且都强调了作为基础设施的连通性以及网络性。然而，随着快速的城市化进程，城市之中或者城市与城市之间很难找到完整的自然网络，自然景观早已被交通系统、建筑等割裂，因此在现实中实施绿色基础设施和生态基础设施将具有一定难度。

景观基础设施传承了生态基础设施和绿色基础设施的可持续性原则，并将其涵盖的范围扩大，是一个更为全面宽广的概念，“它可能是‘绿色’的，也可能不是

① 俞孔坚，李迪华，等. “反规划”途径[M]. 北京：中国建筑工业出版社，2005.

② Mander Ü, Jagomägi J, Külvik M. Network of compensative area as an ecological infrastructure of territories[C]. Connectivity in Landscape Ecology, Proceedings of the 2nd International Seminar of the International Association for Landscape Ecology, Ferdinand Sconingh, Paderborn, 1988: 35-38

③ Goriup P. The Pan-European biological and landscape diversity strategy: Integration of ecological agriculture and grassland conservation[J]. Parks, 1998, 8(3): 37-46.

‘绿色’的，它跨越了‘绿色’所涵盖的范围”①。

1.4 研究的目的和意义

当今城市发展受到人口、气候变化等各方面的压力，而城市应灾避灾则是关系城市存亡的重要课题。风景园林作为一门研究人类与环境关系的学科，在城市发展的过程中扮演重要的角色，在城市应灾避灾中应当承担一定的责任。因此进行景观基础设施在构建弹性城市上的研究，将更好地发挥风景园林的作用，并拓宽其研究领域，是学科发展的一个重要契机。

本书归纳整理了弹性城市产生发展的历程，并通过景观基础设施的特点与弹性城市理论相结合，提出景观基础设施在构建弹性城市中的优势和核心策略，从而希望拓展弹性城市的内涵，加大弹性城市的研究深度，也为后续学者在弹性城市和景观基础设施方面的研究提供一个参考。

笔者希望通过景观基础设施的研究，建立一条各学科间的纽带，来更好地构建弹性城市。弹性城市是一个全方位的概念，包括政治、经济、生态等方面，而本书的研究结合了生态学、生态都市主义、景观都市主义等的研究成果，将其融合到具有弹性的景观基础设施中。同时，结合城市交通、政策法规、资金筹集等各个系统，以此来协调景观基础设施的建设，从而使弹性城市的研究更加具有跨学科的交流和支撑，使之更加丰满。

通过详细介绍纽约和鹿特丹的案例，本书为国内的风暴潮适应性景观基础设施建设提供了参考。纽约是具有丰富应灾经验的世界级大都市，2012 年登陆在纽约的飓风 Sandy 是近年来全球范围内发生的最引人注目、造成破坏最大的风暴潮灾害，通过对其进行深入研究，总结纽约的景观基础设施在风暴潮适应中的成功与失败经验具有重要的实践指导价值。而鹿特丹作为“水城”，有着悠久的与水抗争、与水共生的历史。通过多年的防洪建设，鹿特丹成为世界上最安全的河口城市之一。近年来随着全球气候变暖，极端暴雨和风暴潮频繁发生，对城市产生了新的威胁。通过对鹿特丹的案例研究，一方面能够学习鹿特丹多年的治水经验，另一方面也能了解鹿特丹应对新时代背景的新举措。

中国的许多沿海城市也同样面临风暴潮的威胁，本书以上海为代表，研究其弹性城市和风暴潮适应性景观基础设施的建设，思考中国城市应对自然灾害的未来。

① 文桦.从景观基础设施看事业新风景 访 LA 设计师格杜·阿基诺[J].风景园林，2009(3):41-43.

2 弹性城市

2.1 弹性理论溯源

2.1.1 弹性理论的起源与发展

弹性，Resilience，在17世纪从拉丁语的动词"resi-lire"引入英语，意思是弹回、反弹[①]。弹性首先被用于描述物质的物理特性，阐述其抵抗外来冲击的稳定性。1973年加拿大生物学家Holling被认为是第一个将弹性概念引入生态领域的人。在他的论文《生态系统的弹性和稳定性》(Resilience and Stability of Ecosystems)中，他将生态系统的弹性描述为能够吸收干扰并保持存在的能力[②]。

随后，弹性概念在不同学科间开始研究和发展。当弹性概念与城市规划相结合后，吸取了各个领域对于弹性的解读，提出了弹性城市的概念。Alberti等将弹性城市定义为：城市一系列结构和过程变化重组之前所能够吸收与化解变化的能力与程度[③]。弹性联盟(Resilience Alliance)将弹性城市定义为：城市或城市系统能够消化并吸收外界干扰，并保持原有主要特征、结构和关键功能的能力[④]。

2.1.2 弹性城市理论提出的背景

2.1.2.1 风险社会的来临

人类社会一直与风险相伴而存，然而当今世界快速的发展节奏和全球化的浪潮使人类面临更多的风险。全球变暖、环境污染、臭氧空洞、核泄漏、物种灭绝，还有政治和制度风险、金融危机等。这些风险的本质在于其结果的不可预测性，没有

---

① Oxford Dictionary, Tenth Edition

② Holling C S. Resilience and stability of ecological systems[J]. Annual Review of Ecology and Systematics, 1973 (4): 1-23.

③ Alberti M, Marzluff J M, Shulenberger E, et al. Integrating humans into ecology: Opportunities and challenges for studying urban ecosystems[J]. BioScience, 2003, 53(12): 1169-1179.

④ Resilience Alliance. Urban Resilience Research Prospectus. Australia: CSIRO, 2007. [2011-5-20] http:// www. resallciance. org/index. php/urban_resilience.

人能对其是否发生和发生后造成的影响进行定量的估算。而且它们的影响是全球范围的，各个地区、各个风险相互关联，错综复杂。因此德国社会学家乌尔里希·贝克认为，“世界风险社会”已经来临[①]。人类已经进入高风险社会，风险成为当代的主要特征。风险社会既可以是因为自然的不确定性造成，也可以是人为的不确定性造成的。“在风险时代，社会变成了实验室，没有人对实验的结果负责”[②]，“没有人是主体，同时每个人又都是主体”[③]。因此，对于城市规划领域，人们开始寻求一种新的规划方法，能够应对社会风险，进行危机处理。

2.1.2.2 快速的城市化进程

2008 年，城市居民人数首次超过农村居民人数。特别是在许多发展中国家，城市化进程将继续快速进行，预计 2007 年至 2050 年期间，城市居民人数将增加到 31 亿；到 2050 年，世界人口的 70％可能是城市居民[④]。快速的城市化进程对城市的资源、基础设施、环境和社会服务等提出了巨大的挑战。如今已经出现了很多城市病，发生城市两极分化和贫民窟、交通拥挤、环境退化、失业人口增加、公共服务不足和生活成本升高等诸多问题，严重影响了城市生活质量。如果城市化得不到一种有效的引导，进行可持续的发展模式，城市将成为自身发展的坟墓。

2.1.2.3 城市资源短缺

调查表明，世界石油储量已探明的为 1 400 亿 t，按每年产量 34 亿 t 计，仅够开采 41 年，到 2038 年全球将面临石油的全面枯竭。全球煤炭储量已探明的为 103 161 亿 t，按当前开采水平可开采大约 200 年。世界天然气储量为 152 万亿 m^3，按当前开采水平可开采 65 年[⑤]。目前全球已经面临了石油峰值，很快也将面临煤炭峰值和天然气峰值。可见能源危机已经近在咫尺，并将对整个世界产生结构性影响。然而，城市消耗着世界 75％的能源并释放出 80％的温室气体。当今世界城市化的进程异常快速，将更快消耗能源。因此在构建弹性城市过程中，减少化石能源的使用，减少碳排放量，减少环境污染，推行绿色能源和绿色交通、绿色建筑，将是城市未来的工作重点。而能源危机的缓解也能从根本上减少环境危机并适应城市化的发展，因此如何使城市应对能源危机是未来不可或缺的工作。

2.1.3 弹性城市理论的发展

弹性城市理论因为其强大的可塑性和学科交叉性而受到很多学者和团体的关

① 弗兰克·费舍尔，孟庆艳，乌尔里希·贝克和风险社会政治学评析[J]. 马克思主义与现实，2005(3)：47-49.
② 弗兰克·费舍尔，孟庆艳，乌尔里希·贝克和风险社会政治学评析[J]. 马克思主义与现实，2005(3)：47-49.
③ 弗兰克·费舍尔，孟庆艳，乌尔里希·贝克和风险社会政治学评析[J]. 马克思主义与现实，2005(3)：47-49.
④ Urbanization. http://www.un.org/zh/development/population/urbanization.shtml，2009-6
⑤ 詹华，姚士洪. 对我国能源现状及未来发展的几点思考[J]. 能源工程，2003(3)：1-4.

注。2012年ARUP从城市规划角度发起弹性城市竞赛,寻求世界各地对于弹性城市的不同理解,并选出10个入围城市。2014年洛克菲勒基金会启动100座最具弹性的城市世纪挑战赛(100 Resilient Cities Centennial Challenge),并宣布了33座入围城市,为其提供资金和弹性城市建设研究计划。2010年,联合国开发计划署在阿拉伯启动了气候变化弹性倡议(Arab Climate Resilience Initiative,ACRI)来应对气候变化对发展中国家的影响。而联合国国际减灾战略署则于2012年启动了亚洲城市应对气候变化弹性网络(Asian Cities Climate Change Resilience Network,ACCCRN)。另外,不同学科的专家和学者自发组建了全球性的研究机构弹性联盟(Resilience Alliance)、弹性城市组织(Resilient City Organization)、弹性组织(Resilient Organization)等。2013年美国和欧洲规划院校联盟(ACSP/AESOP)也召开了题为"规划弹性的城市和区域"(Planning for Resilient Cities and Regions)的联合会。2013年3月,联合国国际减灾战略署发布报告,建议在全世界范围内建设"弹性城市"来应对自然灾害。可见弹性城市越来越受到西方国家的关注并正在向全世界推广。

在国内,弹性城市理论也开始受到业界学者的关注。2012年,北京大学建筑与景观设计学院的年度论坛题目为"弹性城市",是国内首次对于弹性城市的集中交流。在2012年第七届城市发展和规划大会上,仇保兴指出,城市多样性有益于实现城市的"弹性"。2013年6月,第7届国际中国规划学会(IACP)年会的会议主题为"创建中国弹性城市:规划与科学"。2013年9月17日,环境倡议理事会秘书长康拉德·奥托·齐默曼在第4届中国国际生态城市论坛也指出了建设弹性城市和活力城市对于中国的必要性。另外,也有学者开始发表论文探讨弹性城市下都市农业、自行车交通体系等的发展现状和前景。可见,中国的弹性城市理论研究已经得到越来越多的关注。

2.2 弹性城市理论的基本内涵

弹性联盟指出弹性城市研究有4个方面:(1)城市新陈代谢流,用以维持城市功能的发挥、提高人类健康品质及生活质量;(2)社会动力,包括群体关怀、人力资本形成和减少社会不公平;(3)管理网络机制,涉及社会学习、社会适应以及自组织能力;(4)建成环境,包括城市形态以及它们之间的空间关系和相互作用①。"100个弹性城市"将弹性城市分为四个维度来讨论:(1)健康,指个人和整个城市的健康;(2)经济和社会,经济和社会系统如何来支持城市人口的和平共存、相互协作;(3)基础设施和环境,自然的和人造的基础设施如何为城市居民提供服务和保护;

① Resilience Alliance. Urban Resilience Research Prospectus. Australia: CSIRO, 2007. [2011-5-20] http:// www.resalliance.org/index.php/urban_resilience.

(4)领导与策略,如何有效领导、如何授权经济团体和制定相互联系的规划[1]。不论如何分类,实际上都是讨论弹性城市建设中生态、工程、经济、社会等的不同侧面。

2.2.1　城市生态弹性

Holling将城市生态弹性定义为:城市生态系统重新组织且形成新的结构和过程之前,所能化解变化的程度[2]。生态系统为城市和人类社会提供水源、氧气等必不可缺的自然资源,同时也起到净化水体、吸收废弃物、降低碳排放量等作用。因为生态系统提供的服务是城市和人类社会存在的基础,而生态系统和人类系统也存在相互影响的关系。因此城市生态弹性的评估必须建立在生态系统和人类系统之间的相互作用基础上。城市生态弹性的研究目的是使城市提高应对不确定性、非线性的外来冲击的能力,并提高城市自组织能力,从而实现人与环境系统的协调发展[3]。

城市是生态系统和人类系统共同作用的结果,因此有很多研究探讨城市形态、土地利用模式、城市扩张等时空演化过程对于生态弹性的影响。另外,Gunderson和Holling提出了研究生态弹性的代表性模型Panarchy,即"自适应循环"和"多尺度潜逃适应循环"模型[4](图2-1),解释了系统如何在外来冲击下,维持自己状态并持续保持发展活力,强调跨尺度的生态系统和气候变化等慢性变量对于城市生态弹性的影响。

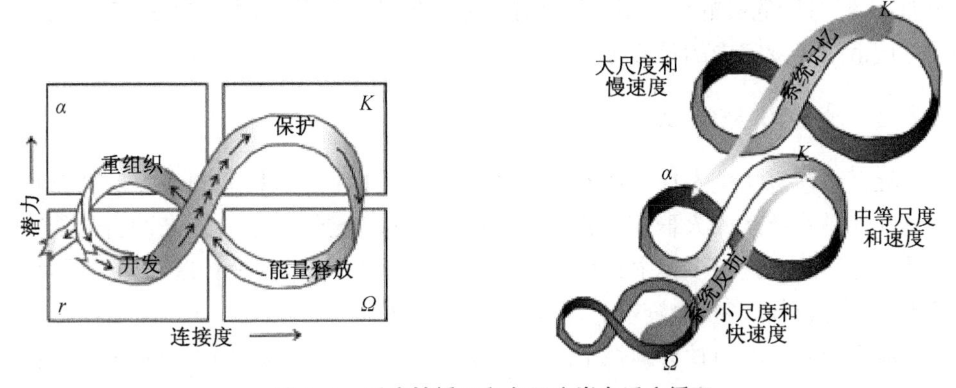

图2-1　适应性循环和多尺度嵌套适应循环

资料来源:Gunderson L H, Holling C S.

① 100 Resilient Cities. City Resilient and the City Resilience Framework. 2015-02. http://www.100resilientcities.org/resilience#/—_/

② Holling C S. Resilience and stability of ecological systems[J]. Annual Review of Ecology and Systematics, 1973,4(1): 1-23.

③ Folke C. Resilience: The emergence of a perspective for social-ecological systems analyses[J]. Global Environmental Change, 2006, 16(3): 253-267.

④ Gunderson L H, Holling C S. Panarchy: Understanding transformations in human and natural systems[M]. Washington D. C: Island Press, 2002.

2.2.2 城市工程弹性

城市工程弹性主要指城市基础设施，如水、电、气、暖、医疗卫生等物质工程设施从自然或人为灾害中恢复的能力。这些工程基础设施在城市中为维持社会生产和居民生活提供了赖以生存的物质条件，是国民经济和各项事业发展的基础。因而当它们面对极端事件，如地震、风暴潮和恐怖袭击等事件时，一旦遭到破坏会对城市和社会造成严重影响。

城市工程弹性主要包括坚固性(Robustness)和快速性(Rapidity)。坚固性是指在一定干扰下，系统维持其功能正常运转的能力；而快速性是指系统为了减少损失和避免功能紊乱，在最短时间内应变的能力①。因基础设施联系紧密，一个系统的崩溃可接连引起其他系统的崩溃。例如城市电力网的崩溃将直接对医疗卫生系统产生致命影响。因此，城市工程弹性越强，则应对极端事件干扰时就越能避免因为系统间相互影响，将极端事件对城市产生的"多米诺骨牌"破坏效应降到最低②。为了达到这一目的，关键的基础设施应当具有适当的冗余备份，包括影响最广泛的电厂、燃料供应、污水处理、食物和饮用水供应等。一旦其中一个遭到破坏，备用配置可以马上进行紧急补充，保证系统运行正常进行。然而冗余配置会造成成本的增加，人们对于危机的预判不足又往往导致了冗余性不足。因此，构建城市工程弹性是城市防灾减灾中的重要工作。

2.2.3 城市社会弹性

社会弹性也从生态弹性中获取灵感，将生态弹性概念拓展到人类社会领域。社会弹性是指社区或人群应对由社会、政治和环境变化带来的外来冲击的能力。但社会弹性的讨论更多集中在社区层次上而非个体层次，涉及社区和团体的社会资本，通常具有较多社会资本的群体具有更高的弹性③。

城市管制是城市社会弹性中的一个应对策略。通过将城市原有的以政府为主导的城市管理模式转化为以市场和企业为主导的"城市企业"模式，即利用城市中的各种社会团体，如政府、商业机构和民间团体等形成合作关系，一起进行"城市管

---

① Alberti M. Urban patterns and environmental performance: What do we know? [J] Journal of Planning Education and Research, 1999, 19(3): 151-163.

② McDaniels T, Chang S, Cole D, et al. Fostering resilience to extreme events within infrastructure systems: Characterizing decision contexts for mitigation and adaptation[J]. Global Environmental Change, 2008, 18(2): 310-318.

③ Adger W N. Social and ecological resilience: Are they related? [J] Progress in Human Geography, 2000, 24(3): 347-364.

理”。其特征为多城市中心、透明性、城市职责、灵活性和包容性[①]。用城市管治的办法，通过革新来使城市能够应对外来冲击，应对各种不确定性[②]。另外，通过社会稳定性和社会秩序的研究，认为通过健全城市各种网络系统的保障体系、灾难预警机制以及紧急应对策略可以提高城市社会弹性[③]。

2.2.4 城市经济弹性

城市经济弹性适用于公司、家庭、市场和宏观经济等各个不同层次，是个体和团体在应对外来冲击时，为避免潜在的损失所采取的灵活应对策略，它是系统应对灾害的一种天生的适应能力[④]。Polèse 认为，城市经济弹性包括 4 个方面：(1)受过良好教育的高素质人口；(2)中心地有着广阔腹地和市场；(3)经济多样性，高等服务业所占比重比较大，没有“衰退”的产业遗留；(4)宜居性。如果城市在这些方面表现良好，则城市经济具有弹性[⑤]。

经济弹性引入了生态弹性相关的评价标准来研究城市经济和产业系统的弹性，如复杂性、多样性、自组织能力等。而评估灾害带来的财产损失也是经济弹性的重要研究领域。在经济形态上，Polèse 认为经济弹性存在两种形态[⑥]，即(a)弹性：城市在危机后保存自己的能力，例如长崎在遭遇原子弹袭击后仍然保存生命力。(b)弹性：城市在面临冲击后，通过调整发展状态来应对新的挑战，如芝加哥在经济体制变革后重新转型来适应新的经济形态。城市经济弹性是继生态弹性、工程弹性后对弹性理念在抽象领域的应用，并从具象领域引入相关标准和原则，开拓弹性的研究范围。

综合三个方面城市弹性的研究，有以下几点共性：(1)引用生态学的概念和理论来应用到抽象的社会经济体系中，通过具象来衍生抽象；(2)多从系统论出发，分析部分与整体的关系、社会与自然的关系、不同系统之间的关系；(3)研究方法多集中在定性上，定量研究少；(4)从个体到群体，从城市局部到城市群，涵盖多个尺度。

---

① Tanner T, Mitchell T, Polack E, et al. Urban governance for adaptation: Assessing climate change resilience in ten Asian cities[J]. IDS Research Summary 315,2009(01):1-47.

② Ernstson H, Van der Leeuw S E, Redman C L, et al. Urban transitions: On urban resilience and human-dominated ecosystems[J]. Ambio, 2010,39(8): 531-545.

③ Allenby B, Fink J. Toward inherently secure and resilient societies[J]. Science, 2005, 309(5737): 1034-1036.

④ Rose A. Defining and measuring economic resilience to disasters[J]. Disaster Prevention and Management, 2004, 13 (4): 307-314.

⑤ Polèse M. The resilient city: On the determinants of successful urban economies[M]. Montréal: Urbanisation, culture, société, INRS, 2010.

⑥ Polèse M. The resilient city: On the determinants of successful urban economies[M]. Montréal: Urbanisation, culture, société, INRS, 2010.

2.3 提升弹性的原则

2.3.1 减量化原则

弹性城市的两个重要背景是气候变化下危机频发以及人类城市发展对于环境的过度负荷。而这些是由于对能源和环境的过量开发导致的,因此减量化原则是从源头解决问题提高城市弹性的重要对策。城市规划需要考虑尽可能地减少化石燃料的消耗,降低碳排放,从而减少对气候变化的影响。同时,城市建设也要尽量减少资源消耗和对生态环境的干预,实现对环境的低影响开发。

2.3.2 耐久性原则

耐久性是指城市基础设施在面对灾害等外界冲击时的耐用性和持久性。耐用性直接反映了系统抗打击的能力,而持久性则强调了在时间维度的抗打击能力。因此耐久性是反映城市弹性最明显的特征。城市规划设计应当将气候变化、自然灾害频发的现状和更加充满挑战的未来考虑在内,提高城市基础设施的耐久性,甚至采用高一级别的耐久性来使其面对未来的冲击时留有耐受打击的余地。

2.3.3 多样性原则

在生态学中,生物多样性是构成一个稳定生态系统的重要组成部分。同一生态位上的不同生物能够保证面对外来冲击时有不同的物种接替进行功能运行而防止功能缺失。例如在草原生态系统中,不同的草种都会起到固氮的作用,但是它们之间对气候变化的反应不同,从而保证在某一气候变化使某些草种丧失功能时其他草种能够保证固氮过程仍在继续。同样,在城市领域,起到同一或相似作用的个体或系统应当有多个而不是单个,通过可选择的多样性来分担风险,增加应变途径。“城市要想变得更加有弹性,就必须尽可能地减少对特定资源的依赖”①。因此,城市应该尽可能多地增加不同的资源供应,如不同类型的能源、食物、产业等。

2.3.4 冗余性原则

冗余性是为了安全角度考虑多余的一个量。当遭遇冲击和干扰,原始量遭到破坏无法运行时,冗余的量可以进行替换。在城市中,关系城市命脉的关键基础设

---

① 彼得·纽曼,蒂莫西·比特利,希瑟·博耶.弹性城市:应对石油紧缺与气候变化[M].王量量,韩洁,译.北京:中国建筑工业出版社,2012.

施，如电厂、燃料供应、污水处理、食物和饮用水供应等一旦遭到破坏将对整个城市产生重大影响，所以应当设立备用系统，一旦原始系统遭到破坏，备用系统可以立即代替。但是冗余会造成成本的增加，在没有遭到冲击或冲击没有造成破坏的情况下会造成资源的浪费，所以强调适度冗余，在一定的资源基础上按照系统的脆弱性和遭遇风险的可能性选择是否设置备份和设置多少备份。

2.3.5　本地化原则

本地化指城市的资源供给由本地或临近地实现，且具有可持续性。异地资源调配存在三个弊端：一是引进、运输造成成本上升；二是环节复杂，占用时间长，一旦中间环节发现问题需要更多的时间和精力进行修复；三是异地材料对于本地环境的适应能力差，本地材料经过长时间的发展磨合更加适应当地的环境，故异地材料一旦遭到外界干扰将更加具有脆弱性。因此，城市为了提高反应及时性、减少资源消耗和提高适应性，应该鼓励采取自给自足的可持续的产品和服务供应体系。

2.3.6　灵敏性原则

城市的探测、感知和反馈系统越灵敏，城市越能预知干扰的发生，并在干扰发生后感知造成的影响及时做出相应措施，因此城市也更加具有弹性。在城市遭到强烈干扰时，在时间上的短暂偏差将导致干扰破坏程度的巨大不同，要争取在最短的时间内做出反应，以减少干扰的加剧和引起的连锁反应。增加城市灵敏性首先应保证信息接收的端点要健全并且灵敏，其次构建快速畅通的反馈路径。例如，在地震发生前能根据细微预兆做好地震的判断和预警，灾害发生时及时统计造成的破坏和需要的补给措施，最后通过一个快速有效的渠道传递这些信息并传回决策与应灾的人力、物资等。

2.3.7　自然法原则

城市应当顺应自然规律，顺天承运，道法自然。首先，城市发展规模应当以当地环境所能提供的资源和自然系统的承受力为基础，而不能过度开发。其次，城市发展过程应该尽量少地影响自然界水、气、养分等物质循环，防止连锁反应造成自然循环系统的破坏。再次，城市应当作为自然的一部分，根据城市不同的发展阶段重新找准在自然中的位置并发挥积极的作用。只有顺应自然规律，城市才能和自然一起发挥整体尺度上更大的弹性。

2.4 城市弹性的指标评价体系

弹性联盟将城市弹性定义为：城市在转变为新的状态前，所能吸收和化解冲击的程度，并将城市同时保持生态系统和人类活动的程度作为评估城市弹性的标准①。一套完整成熟的评价体系对于弹性城市的深入研究和评价城市脆弱性，并在此基础上构建弹性城市具有重要作用。目前弹性城市的评价指标研究主要集中在国外，但是也处于理论研究阶段，实施于实践的较少。

2.4.1 弹性城市指标体系

2012年联合国减灾署确定了弹性城市指标，称为"让城市更具有弹性的十大指标体系"，其中包括灾害风险预算，维护、更新并向公众公开城市抗灾能力数据，维护应急基础设施，评估学校和医疗场所的安全性能、确保学校和社会开设减轻灾害风险的教育培训等指标②。在此指标的基础上，纽曼对应世界石油紧缺和气候变化提出了通向弹性城市的十项战略步骤③。

2.4.2 弹性能力指数

美国加州大学伯克利分校区域研究所进行了弹性能力指数(Resilience Capacity Index，RCI)的研究，共计12项指标，分为三个维度：(1)区域经济属性：社区生活成本可负担度、收入公平度、经济多元度、企业经营环境情况；(2)社会—人口属性：居民教育程度、有工作能力者的比例、脱贫程度、健康保险普及度；(3)社区连通性：公民社会发育程度、住房拥有率、大都会稳定性、居民投票率。加州大学伯克利分校根据这个指标体系，对美国361个城市进行了评估，并将城市分为不同的弹性级别④。

2.4.3 弹性城市全球化标准指数

由加拿大多伦多世界城市指标中心(Global City Indicators Facility，GCIF)牵

---

① Resilience Alliance. Urban Resilience Research Prospectus. Australia：CSIRO，2007.

② Gencer E A，et al. How to make cities more resilient：A handbook for local government leaders [R]. Geneva：UNISDR，2012.

③ 彼得·纽曼，蒂莫西·比特利，希瑟·博耶. 弹性城市：应对石油紧缺与气候变化[M]. 王量量，韩洁，译. 北京：中国建筑工业出版社，2012.

④ Institute of Governmental Studies. Building resilient regions[R]. University of California，Berkeley，2011.

头多个部门参与的项目正在构建一个与 ISO 框架相符合的全球通用的弹性城市指标(Globally Standardized Indicators for Resilient Cities)。GCIF 是一个衡量城市表现的国际化标准指标,包括居民、经济、住房等 20 个分类体系并做相应数据评估[①]。

2.4.4 基于设计的弹性城市指标系

由英国工程与自然研究理事会(EPSRC)资助的未来城市项目(Urban Future Projects)由艾克赛特大学、伯明翰大学、兰卡斯特大学、伯明翰城市大学和考文垂大学参与,开发了对设计成果进行的弹性测试的方法[②]。James David Hale、Jon Sadler[③] 从生态学弹性策略出发,引申到城市再生之路的探讨。他们设计的气候变化弹性指数主要包括水系统的供应能力、污水和固体废弃物服务的覆盖率、上游流域森林砍伐面积大小、水涝发生概率、基层组织在税收征缴和解决客户投诉方面的能力、家庭自来水分配和公众参与规划决策的机制等。

2.4.5 应对气候变化的弹性指标体系

作为亚洲城市应对气候变化弹性网络项目(ACCCRN)的组成部分,亚洲 10 个城市于 2012 年发起了应对气候变化的弹性指标研究,用以应对气候变化对城市产生的影响,并帮助当地政府和非政府组织来设计和实施相应对策,该指标由美国社会和环境转型研究所(Social and Environmental Transition)进行设计,基于定量和非定量因素的考虑,包括 40 项指标,可在亚洲不同地区间进行运用,研究目前还在进行中。另外,2010 年 11 月联合国开发计划署在阿拉伯启动了气候变化弹性倡议(ACRI),从气候变化角度,就水资源短缺、土壤荒漠化、海平面上升等方面,不定期召开国际研讨会,筹划阿拉伯地区弹性评价指标的建立。

2.4.6 国内关于弹性城市评价指标的研究

国内关于弹性城市评价指标的研究才刚刚开始,目前尚处于探索阶段。刘江艳和曾忠平在弹性城市生态、工程、社会和经济四个分类的基础上,结合可持续发展指标体系,提出了一套弹性城市评价指标体系[④]。

---

① http://www.cityindicators.org/ProjectDeliverables.aspx

② Lombardi, D R, Leach J, et al. Designing resilient cities: A guide to good practice[M]. Bracknell: HIS BRE Press, 2012.

③ Hale J D, Sadler J. Resilient ecological solutions for urban regeneration[J]. Engineering Sustainability, 2012,165(1):59-68.

④ 刘江艳,曾忠平. 弹性城市评价指标体系构建及其实证研究[J]. 电子政务,2014(3):82-88.

2.5 弹性城市对于传统规划理念的启发

2.5.1 改变了城市对于干扰的态度

弹性城市是城市或城市系统能够消化并吸收外界干扰，并保持原有主要特征、结构和关键功能的能力[①]。因此，弹性城市强调的是消化和吸收外界干扰，而不是抵御。这里的区别主要在于对干扰的态度。抵御是将干扰作为外部事物，强调将其排除在外而不对自身产生影响，而消化和吸收则更加强调了一个动态变化的过程，通过吸纳和反作用将干扰融入一个整体，通过共同变化重新达到一个新的状态。其实这个观念也与人们对于自然的认识有关。人类的凌驾于其他物种之上的能力使得人类开始试图把自己从自然中分离出去并尝试控制自然，因此将对人类不利的自然灾害设法排除在自己活动领域之外。然而，人类本身就是自然的产物，人类和城市都是自然的一部分，因此我们与同是自然组成部分的环境和干扰应当处于一种互相关联、互相融合的关系之中。例如，城市传统抵御风暴潮的方法是构建硬性的工程设施，如海堤、防波堤、防洪闸等，将潮水挡在城市之外，希望不对城市产生影响。而在弹性城市的理念下，风暴潮作为一种干扰是可以被城市弹性地吸收的，并将干预看成城市的一部分。这部分内容也是本书讨论的重要对象。

2.5.2 打破静态的规划思维方式

传统的规划理念是将城市的理想状态设定为一种平衡状态。各系统按照秩序有条不紊地各司其职，从而形成一个稳定的状态。《雅典宪章》中就描述道："其各个功能都处于平衡状态"[②]，而弹性理论认为变化是一定的，自然力是系统运作的驱动力量，强调应"以变化为前提来解释稳定，而不是以稳定为前提来解释变化"[③]。因此弹性城市强调了城市是动态的，而城市所能达到的平衡也是一种动态平衡。在此思想之上，弹性城市并不抗拒造成变化的干扰，而事实上干扰本身就是城市动态平衡的一部分。同时，弹性城市也没有所谓的"正常状态"，任何遭遇干扰后产生变化后的状态都是常态。城市在受到干扰之后发生变化，甚至产生突变都

---

① Resilience Alliance. Urban Resilience Research Prospectus. Australia：CSIRO，2007.[2011-5-20] http://www.resalliance.org/index.php/urban_resilience.

② CIAM. CIAM's The Athens Chapter[R]. 1933

③ Folke C，Colding J，Berkes F. Synthesis：building resilience and adaptive capacity in social-ecological systems[M]//Navigating Social-Ecological Systems：Building Resiliece for Complexity Change. Cambridge：Cambridge University Press，2001.

不是城市运行的失败，而是城市本身所具有的可能性的展现。因此，干扰也可以被当成城市未来的一个契机。这个在静态思维上的突破给城市发展带来更多的可能性，避免了刻板静态思维对于城市的束缚。就如社会学家大卫·哈维(David Harvey)指出，未来城市规划将面临更多的可能性，因为设计更多的是关于城市变化过程的研究而非城市结果和形态的研究——即事物如何在空间时间中运作。

2.5.3 指导城市规划工作方式的转型

传统的规划方式可以被称为蓝图式的规划方式，人们预计在某个场地将发生何种活动并通过图纸将这种预计绘制出来，并引导城市的发展按照蓝图来运行。规划师和政策执行者的能力，很大程度上在于在对未来预计能力的强弱和规划与现实产生偏差的大小。然而，在弹性城市理念下，城市不是一个静态平衡的过程，因此在城市的发展过程中有很多变量。未来是不能被预计的，也不可能被蓝图所展示或者被规划和政策所定义，因此这种蓝图式的规划方式是徒劳的。城市规划的作用也由“预测和控制”城市的未来，转变为提高城市应对未来挑战的“适应和转型”能力①。城市规划者需要对城市未来的发展报以更加长远的眼光，用更加开放的态度来理解城市未来发展的不确定的可能性。因此，新的城市规划将是不断地吸纳干扰，并将通过城市适应和转型来将干扰转化为机会，并充分想象未来的各种可能性。在此理念下应运而生了情景规划，即根据城市发展的不同可能性制定出不同的规划情景，产生与之相适应的不同规划结果，为城市发展政策的确立提供依据。

2.5.4 重新思考城市各系统之间的关系

传统的城市规划也强调城市各系统之间的联系，强调城市和人类社会对于环境的适应。但是总把“社会”和“环境”因素进行分类，很少分析其内在联系。20世纪以前，城市发展并没有将对环境的影响和环境对城市的反作用作为重点考虑对象。而21世纪以来，随着环境破坏的日趋严重以及全球气候变暖对城市未来发展形成了更加严峻的挑战，环境问题成为城市规划重要的研究对象。然而环境保护和城市发展似乎成了一对矛盾体，人们认为人类社会可持续的发展策略必须通过控制发展规模和速度来实现，这是一种被动的保护和适应环境的策略。同时，城市规划仍然缺乏促进社会发展和环境发展一荣俱荣的有效理论和实践工具。而弹性城市则将生态学的理论引入城市各个抽象系统，使其理论基础得到了统一。其理念跨越生态、工程、社会和经济的不同地带，具有很强的可塑性，为各学科合作提供

① 刘丹，华晨. 弹性概念的演化及对城市规划创新的启示[J]. 城市发展研究，2014，21(11)：111-117.

了跨学科合作的平台。Cumming 认为,空间弹性是不同系统发挥相互作用的场所。空间弹性或许可以成为整合规划科学、生态学、经济学和社会学的媒介和平台①。

表 2-1 传统规划理念与弹性城市规划理念的比较

	传统规划理念	弹性城市规划理念
城市定位	与自然对立的人工产物	自然系统的一个部分
研究对象	城市单体	作为多尺度、多维度下的一部分
发展理念	城市扩张、产业拓展	危机适应与城市转型
发展途径	头痛医头,脚痛医脚,推倒重来,政府导向	全面理疗、微创施治,市场导向
空间特点	功能分区、建筑尺度、乌托邦式概念化的空间	混合功能、人类尺度、场地导向的适应性空间
思维与行动方式	指挥和控制	学习和适应
规划方法	蓝图式规划方法	情景规划

资料来源:作者整理

2.6 本章小结

本章为弹性城市理论的总结和思考。首先,追溯了弹性城市理论的发生发展过程并分析其形成背景;然后,阐述了弹性城市四个主要内涵,即城市生态弹性、城市经济弹性、城市工程弹性和城市社会弹性,并以生态弹性为研究基础分析提升城市弹性的 7 个原则:减量化原则、耐久性原则、多样性原则、适度冗余原则、本地化原则、灵敏性原则和生态法原则;最后,总结弹性城市的内容,提出其对于城市规划领域带来的启发,即态度的转变、思维方式的转变、工作方式的转变,并重新思考城市各系统之间的关系。本章通过对弹性城市的总结和思考,为全书奠定理论基础,为景观基础设施的研究提供依据。

---

① Cumming G S. Spatial resilience: Integrating landscape ecology, resilience, and sustainability[J]. Landscape Ecology,2011,26 (7):899-909.

3　风暴潮概览

3.1　风暴潮的分类和预警级别

根据风暴潮的性质，风暴潮通常分为由温带气旋引起的温带风暴潮和由热带气旋引起的热带风暴潮两大类。温带风暴潮一般发生于春秋季节，夏季也时有发生。其特点是：增水过程缓慢，最大增水比热带风暴潮小，主要发生在中纬度沿海地区，以欧洲北海沿岸、美国东海岸以及我国北方海区沿岸为多。热带风暴潮，包括台风和飓风引起的风暴潮（在北半球、东太平洋和大西洋海域上生成的风力达到12级的热带气旋称之为飓风，而西太平洋海域则称之为台风），多发生于夏秋季节。其特点是：来势猛、速度快、强度大、破坏力强。凡是有台风影响的沿海国家、沿海地区均有台风风暴潮发生。因此热带风暴潮更具破坏力，是本书讨论的主要对象。

风暴潮致灾等级是由风暴潮影响海域内各验潮站出现的潮位值超过当地“警戒潮位”的高度而确定的。警戒潮位是指沿海发生风暴潮时，受影响沿岸潮位达到某一高度值，它的高低与当地防御工程紧密相关。国家海洋局发布的《风暴潮、海浪、海啸和海冰应急预案》规定，风暴潮预警级别分为Ⅰ、Ⅱ、Ⅲ、Ⅳ四个等级，对应颜色为红色、橙色、黄色和蓝色，Ⅰ为最严重，Ⅳ为最轻。海洋环境预报部门根据可能出现的风暴潮等级发布风暴潮Ⅰ级、风暴潮Ⅱ级、风暴潮Ⅲ级、风暴潮Ⅳ级预警。

表 3-1　风暴潮预警级别

风暴潮预警等级	达到或超过警戒潮位高度	提前发布警报的时间
Ⅰ	80 cm	6 h
Ⅱ	30～80 cm	6 h
Ⅲ	＜30 cm	12 h
Ⅳ	低于 30 cm	发布预报

数据来源：《风暴潮、海浪、海啸和海冰应急预案》

3.2 风暴潮的成因

首先，在风的作用下，海水的涨落主要有以下几个原因：(1)风从远海向海岸吹来，将海水向岸边输送，使近岸水位升高；风从陆地向远海吹去，将海水带向海上，使岸边水位降低。(2)高气压控制海域时，高压迫使海面降低；低气压控制海面时，海平面则升高。(3)海水蒸发使海洋丢失水分造成海面降低；较大的降水使海洋增加水分造成海面上升。当控制海面的天气系统较弱时，这些海面升降幅度不大，一般为几厘米到几十厘米。但是，当控制海面的天气系统强烈时，如热带气旋和温带气旋，强烈的海风和气压变化可产生海涛(巨大的屋顶状的海水，跨度为 60～80 km，高度为 2～5 m)①，当风暴抵达海岸，产生风暴潮，造成巨大破坏。

由热带气旋引起的热带风暴潮，大致可以分为三个阶段：(1)初振阶段，当气旋还在远处海面时，"先兆波"先于风暴到达岸边，引起岸边的水面缓慢升降。(2)主振阶段，当气旋逼近海岸时，风暴潮位达到最大值，持续时间从数小时到数天，高度达到数米，此为风暴潮灾害的主要阶段，速度快，影响范围大。(3)余振阶段，当气旋离开海岸后，水位的主峰已过，但是风暴潮并不是稳定地降落，而是显示一系列的波动。且当气旋移动速度等于或接近当地波速时会出现共振现象，造成水位猛增，这也是风暴潮灾害极具破坏性的阶段。而温带气旋和冷风引起的风暴潮则没有明显的阶段划分，呈现持续而缓慢的增长趋势。

3.3 风暴潮的危害

风暴潮是一种全球性的灾害，热带风暴潮分布最广，包括北太平洋西部、北大西洋西部、墨西哥湾、孟加拉湾、阿拉伯海、南印度洋西部、南太平洋西部沿海和岛屿等。温带风暴潮多发生在中高纬度地带的沿海国家，如北太平洋西部、北海和波罗的海沿岸一带以及北大西洋西部。

图 3-1 1991 年孟加拉湾风暴潮

资料来源：www. britannica. com

① 刘俊. 关注风暴潮·巨浪·潮汐[M]. 北京：军事科学出版社，2011.

受风暴潮危害最严重的国家有孟加拉国、印度、美国、日本、英国、荷兰等。例如孟加拉湾地区1991年4月发生的特大风暴潮(图3-1),巨浪高达6 m多,孟加拉国吉大港淹水深达2 m,受灾人口达1 000万,造成经济损失30亿美元。又如日本历史上最严重的风暴潮灾害发生在伊势湾的名古屋地区,1959年9月6日,风暴潮最大增水达到了3.45 m,防潮海堤短时间内被冲毁,60万居民房屋被毁,船只损坏3 000艘,7万余人伤亡,其中5 180人死亡,受灾人口达150万,经济损失达10亿美元。温带风暴潮同样也能造成巨大损失,如1953年1月31日至2月2日,欧洲北海沿岸的温带风暴潮最大增水达到3 m多,冲毁了防波堤,造成英国300人被淹,2.4万所房屋被毁;海水入侵荷兰60多km,淹没2.5万km^2,2 000人丧生,60多万人流离失所,造成经济损失2.5亿美元①。

总体来说,风暴潮的原生灾害是其冲击力造成的人员损伤和财物破坏,包括冲毁城镇村庄,倾覆海上船只,破坏海上设施,影响海上交通、对外贸易、渔业开发、石油开采和海产养殖等。其次生灾害主要有洪涝灾害、盐碱化破坏、产生疫病以及伴随的恐慌暴动、金融影响等社会性问题等。这里根据与城市景观基础设施的相关程度主要讨论冲击破坏、洪涝破坏和盐碱破坏三个问题。

3.3.1 冲击破坏

风暴潮最直接的破坏作用是其产生的冲击力,可造成房屋的倒塌、基础设施的破坏以及人类和动植物的伤亡。其特点首先是发生时间短,往往在风暴潮到达的一瞬间就产生破坏。其次是影响范围广,风暴潮是区域性的灾害,往往受灾面积大。再次就是破坏力强,一旦风暴潮最大增水达到一定的高度,其破坏力往往是毁灭性的。

3.3.2 洪涝破坏

一方面,风暴潮最大增水常常能够达到数米,可直接淹没村镇农田,在短时间内造成大面积的洪涝灾害;另一方面,在河口地区河水入海遭到风暴潮顶托,将造成河道泛滥淹没周边地区。同时,热带气旋或温带气旋等过境也伴随强风和强降雨,结合风暴潮使破坏程度进一步加大。洪水淹没道路、房屋,将限制人们出行,造成物资供给困难;洪涝也可引起电力机械设施的故障,影响整个城市的运行;同时,洪水冲刷地表,裹挟污染物,将造成河流、土壤的进一步污染。

① 刘俊.关注风暴潮·巨浪·潮汐[M].北京:军事科学出版社,2011.

3.3.3 盐碱破坏

风暴潮和海水的顶托，阻碍了河水入海，海水倒灌，地下水盐度增加，发生土地盐碱化、污染地下水并造成地基下降，严重威胁城市安全。而沿海地区的开发用地多由盐渍淤泥发展而来，土壤和地下水本身含盐量高，且地下水位高，流通不畅。风暴潮发生后，滞留的水分与地下水联通，造成盐分的回渗。当洪水退去后，地下水中的盐分被带到土壤表层，加剧土壤盐碱化。古代对风暴潮的盐碱破坏就有论述，冯彬在《海岸论》中说道："咸潮后，咸卤气发，伤败种苗必三年乃可耕作。"①可见风暴潮造成的盐碱破坏，对土壤将造成长久的伤害，影响农作物及其他植被的正常生长。同时在潮间带和河口地区，生态环境复杂敏感，拥有淡水湿地、盐沼湿地、草甸、红树林等多种植被类型，也是鱼、虾、贝类等繁衍和栖息的场所，对于维护整个生态系统的多样性和稳定性具有重要作用。然而在风暴潮的冲击下，水体盐度急剧上升，也会造成大量动植物的死亡，可能引起大范围的生态环境失衡。另外，地表水和地下水的盐碱化将直接影响水质，对城市居民的饮用水安全造成巨大威胁。

3.4 风暴潮的影响因子

影响风暴潮危险等级的因子除了气旋本身(前进速度、大小、侵袭角度等)，还与其他因素有很大的关系。了解风暴潮的影响因子将帮助我们从根本上对症下药，采取对应措施。

3.4.1 天文大潮

风暴潮是否造成重大破坏，与其是否和天文大潮相遇有非常大的关系，尤其是与天文大潮期的高潮相遇。1992 年，我国东部沿海发生了 1949 年以来影响范围最广、破坏最严重的一次风暴潮灾害，其原因就是第 16 号强热带风暴和天文大潮的相遇增大了风暴潮的破坏性。潮灾先后波及福建、浙江、山东、天津、上海、江苏、河北和辽宁等省、市。在风暴潮、巨浪、大风、大雨的综合影响下，南自福建东山岛，北到辽宁省沿海的近万公里的海岸线，遭受到不同程度的破坏。受灾人口达 2 000 多万，死亡 194 人，受灾农田 193.3 万 hm^2，成灾 33.3 万 hm^2，毁坏海堤 1 170 km，直接经济损失上百亿元②。我国长江以南的东南海域，每年 8—10 月为全年的天

① 冯彬:《海岸论》，万历《雷州府志》卷三。

② 刘俊. 关注风暴潮·巨浪·潮汐[M]. 北京:军事科学出版社，2011.

文大潮期，也是热带风暴潮的频发期，因此两者相结合造成更高的受灾概率，每年破坏性最大的风暴潮也都集中在 8—10 月。

3.4.2 地理环境

一般而言，如果处于海上大风的正面、海岸形状呈喇叭形、海底地形较平的地区所受风暴潮的风险和受灾程度都要大。另外，河流的入海河水遇到风暴潮会产生顶托作用，更加大了风暴潮的高度，增加了其破坏力。例如，历史上最猛烈的风暴潮 1970 年发生在孟加拉湾，导致 30 万人死亡，100 多万人无家可归[①]。孟加拉湾是世界上受风暴潮灾害最严重的区域，其除了是热带气旋的频发地，另外很大的原因就是其喇叭形的地理形态促进了风暴潮的汇集、停留，放大了风暴潮的破坏力。同时多条河流注入孟加拉湾，一方面河流入海与风暴潮相遇增大了水量，另一方面入海口因泥沙淤积而坡度平缓，使风暴潮缺少阻挡。在复杂的地理环境下，孟加拉湾成为风暴潮的频发重发地区。

3.4.3 全球气候变化

风暴潮是由大气扰动而引起的气象灾害，如果全球气温升高，海洋表面的温度也将升高，导致热带气旋年均生成的频次和登陆频次增多。另一方面，海平面上升导致沿海各地的初始海面抬高，包括高、低潮位。另外海平面上升也可直接导致低海拔地区被淹没，而风暴潮的到来将更加加剧防潮、排洪压力。

从 1880 年到 2012 年，全球水陆表面平均气温上升了 0.85 ℃，从 1983 年到 2012 年的 30 年间是北半球过去 1 400 年里最热的 30 年。从 1901 年到 2010 年，全球平均海平面上升达到了 0.19 m，从 19 世纪中期开始，海平面上升的幅度比过去 2000 年的幅度大得多。在未来的几百年甚至几千年里，全球平均气温将上升 1～4 ℃，造成海平面上升 4～6 m[②]。IPCC 2007 年研究显示，从 1970 年代开始，全球遭遇了更加长期和破坏力更大的风暴潮灾害，而这与全球气候变暖和海平面上升的变化趋势相符合。另外，台风、飓风开始出现在以前没有出现过的地方。通过模型测算，如果全球气候变暖的趋势保持不变，将增加 66%风暴潮的发生率，并且台风和飓风将具有更大的中心风速和降水，这将进一步加大风暴潮的危害[③]。

---

① http://zh.wikipedia.org/wiki/%E9%A3%8E%E6%9A%B4%E6%BD%AE

② IPCC，http://www.ipcc.ch/pdf/assessment-report/ar5/syr/SYR_AR5_LONGERREPORT_Corr2.pdf

③ IPCC，http://www.ipcc.ch/publications_and_data/publications_and_data_reports.shtml

3.4.4 人为影响

沿海地区由于交通便利、土地肥沃，一直是人类发展的聚集地，近几十年来更是经历了最快速的城市化过程。一方面，人类向往沿海城市的优越条件，人口不断向沿海城市聚集，城市面积不断扩展蔓延；另一方面，这也对沿海城市造成了巨大的发展压力。城市基础设施负担过重，雨洪缺乏管理，合流污水造成环境污染和生态环境的退化。另外，过量的资源掠夺、地下水开采导致地表承受力降低；对湿地沼泽地的填埋导致自然防护海浪的能力减弱；河道码头建设、围海造地等工程减少了水域面积，减弱了自然系统的弹性，从而更容易造成泄流不畅，发生次生洪水危害。因此，随着城市的无序发展，城市的脆弱性将逐渐增加。

3.5 风暴潮的防御史

3.5.1 城市出现以前

城市出现以前，人类以自然聚落的形式进行生活。当时生产力低下，人类的生存几乎完全依靠自然环境。海岸、河口地区由于水源丰沛、土壤肥沃、物产丰富，成为人类聚居的场所，而由于人类尚不具备充分的改造自然、防御风暴潮的能力，此时人们多采用被动躲避退让的策略。人类首先选择不受风暴潮影响的区域进行生活，然后在风暴潮发生的时节进行搬迁，并在风暴潮过后再次搬回。这时候并不存在主动的风暴潮防御设施，人类主要是被动适应自然环境。而由于当时人类聚居点规模较小，对环境的影响也并不明显，人类对自然的干预可以很好地被自然系统消化吸收，因此也很难产生对风暴潮强弱的影响。

3.5.2 城镇出现以后——工业革命前

随着生产力水平的逐步提高，剩余产品促成社会分工日益明显，同时人口增加，贸易市场形成，城镇逐步产生。此时人类具有一定的物质积累，居住场地也更加固定，因此面对自然灾害时更加需要采取主动的防御措施以保护自己的家园。而此时逐步提高的生产力水平也使人类具有了一定的改造自然的能力。在这个时期，由于城镇规模还未拓展到滨海一带，风暴潮灾害对于城镇的影响主要是破坏城镇周边的农田及造成人员伤亡。因此此时的防御与农田保护有很大的关联。海水侵袭不仅会直接冲毁农田，咸水更会对农田产生长期的影响。因此“拒潮”“蓄淡”成为沿海水利工程的两个主要内容。

“蓄淡”主要指通过修筑堤坝截留淡水用于灌溉和在风暴潮发生后进行洗盐。

例如，为了达到“蓄淡”的目的，中国古代发明了涂田、埭田及台田等农业技术，元代王祯的《农书》中就有关于涂田的开垦方法记载[①]。它们主要是在海滨的滩涂上修筑堤坝，使其与咸水隔离。同时修筑闸门，以供排洪。在堤内开沟渠引淡水洗盐，并结合芦苇、水稗等耐盐碱植物降低土壤盐分，并蓄养鱼虾脱盐。

“拒潮”主要指通过修筑海塘以增加抵御风暴潮的能力。我国是世界上有史料记载的最早修筑海塘的国家，也是历史上海塘工程最为发达的国家。据《北齐书·杜弼传》记载：“杜弼行海州事，于州东带海而起长堰，外遏咸潮，内引淡水。”早期的海塘兼具“拒潮”和“蓄淡”的功能，后来由于工程技术的发达和相关农业“蓄淡”技术的发展，以“拒潮”为主的海塘逐渐分化出来并不断发展，成为构建在城镇外围的主要防潮措施，起到保护城内人身财产安全的作用。以中国为例，自唐开始海塘修筑出现了一个历史高峰，先后修筑 8 条大海塘，长度近 300 km[②]。宋代尤为重视南方水利，修建了大型水利工程范公堤，以石材代替沙土，并设计涵闸增加工程坚固度。而到了明清，海堤的修筑更加广泛也更加频繁，留下了万金坝、浙西海塘等重要水利设施。而地势低洼的荷兰，她在与风暴潮的长期斗争中不断发展防御风暴潮的水利工程设施。公元 1000 年左右，由于人口增长和发展更多沿海耕地的诉求，荷兰开始了海堤的建设[③]。早期的海堤主要为土质，并在其上种植海草进行稳固。木桩及土坝加固的海堤维持了很长一段时间，但由于航运带来的船蛆使其蛀蚀严重，后来被石材所取代。

在这段漫长的历史中，风暴潮灾害的防御逐渐得到人们的重视，各种工程技术手段也不断发明完善。此时人类虽然有了一定的改造自然、防御灾害的能力，但是面对风暴潮还是处于潮涨一尺坝高一尺的被动防御阶段。面对突发的巨大风暴潮仍然显得十分脆弱。另一方面，虽然海堤等工程设施的建设日渐广泛和频繁，但是对于自然环境仍然没有造成大的干扰，尚处于自然系统能够消化处理的范畴。

3.5.3　工业革命以后——现代

工业革命促进了人类生产力水平的急速上升，城市建设进入现代阶段。此时，一方面社会财富进一步发展，人们生活水平提高，对于灾害防护意识进一步提高，沿海地区对于风暴潮的防御空前重视。另一方面，人类城市的扩张、围海造地等活动使人们更加直接地面对风暴潮，而地面沉降、河道变窄、气候变暖等也使得风暴

---

① 王祯(元). 农书·农器图谱·田制门[M]. 王毓瑚，点校. 北京：农业出版社，1981.

② 王文，谢志仁. 中国历史时期海面变化(I)：塘工兴废与海面波动[J]. 河海大学学报(自然科学版)，1999，27(4)：7-11.

③ Flood control in the Netherlands，http://en.wikipedia.org/wiki/Flood_control_in_the_Netherlands，2015-03-19

潮的发生日益剧烈。现代工程技术水平空前发达，在风暴潮防御方面也取得了更多的主动权，效果明显的硬质工程设施成为当代抵御风暴潮的主要途径。其主要分为四类：(1)平行并位于海岸上的防御工事，比如海堤、铺面和护岸；(2)平行于海岸并位于海岸之外的防御工事，如防波堤、顺坝；(3)垂直于海岸并位于海岸上的防御工事，如丁坝、导流堤；(4)防洪闸。

3.5.3.1　海堤

海堤(Seawalls)是现代重要的海岸防御工程，一般指沿海地面上修建的垂直不透水工程设施，主要用来防御风暴潮和洪水侵袭。海堤一般不允许越浪，因此海堤高度是重要的设计内容，一般在波浪爬升高度以上，并且适当留有一定安全距离，根据当地气候、海岸位置、保护地区的重要性、经济能力等来决定。根据结构形式海堤可以分为垂直式(图 3-2)、斜坡式和混合式(图 3-3)三种。垂直式海堤建造简便、造价低，但是直接反射波浪冲击，容易造成对海堤的破坏，因此需要较多的维护；斜坡式或者弯曲式的海堤能够引导海浪方向，遭受的直接冲击少，但是造价高，建造复杂，且易造成堤底沉积物的流失；混合式则介于两者之间。海堤的材料有加固混凝土、钢筋等，也常通过碎石和异型混凝土进行加固。

图 3-2　垂直式海堤

资料来源：wikipedia

图 3-3　混合式海堤

资料来源：wikipedia

3.5.3.2　铺面和护岸

铺面(Revetments)(图 3-4)和护岸(Bulkheads)功能类似，但是防浪潮冲击能力弱，主要用于自身海岸的稳固。铺面指在沙滩或坡面上安装薄片板以进行表面的加固。护岸一般指固定在沙土中的垂直墙体，并可以通过碎石、铺面等进行加固。一般而言，护岸较海堤小型，被更多地应用于河流、湖泊的岸线稳固。

3.5.3.3 防波堤

防波堤(Breakwaters)(图 3-5)一般指人工建造的通过阻断波浪的冲击力、围护港池来提供一个相对平静安全的水域环境的离岸工程设施。常用于为船只安全停泊和作业提供一个免受天气影响的港湾,同时起到防止港池淤积和波浪侵蚀岸线的作用。防波堤根据结构类型可以分为重型和轻型:重型堤是传统的防波堤形式,通过自身的重量来阻挡波浪,包括斜坡堤、直墙堤和混成堤等;而轻型堤则是近数十年发展起来的针对波浪集中于表面的特点而研发的轻型防波堤,如透空堤、浮堤、喷气堤和射水堤等。

图 3-4 铺面

资料来源:wikipedia

图 3-5 防波堤

资料来源:wikipedia

3.5.3.4 顺坝

顺坝(Longitudinal Dike)是指离开海岸一定距离并在水中建造平行于海岸的坝体。其主要功能是削减海浪冲击并促进泥沙在坝后沉积,起到防止海岸侵蚀的作用。顺坝可以是连续的坝体,也可以分成若干段。根据坝体的高度可以分为潜顺坝和水顺坝:潜顺坝高度较低,一般低于平均潮位,其顶部常没于水下;水顺坝较高,一般高于高潮位,不被水体淹没。

图 3-6 丁坝

资料来源:wikipedia

3.5.3.5 丁坝和导流堤

丁坝(Groins)(图 3-6)指垂直于海岸,用于截留泥沙沉积,起到防止海岸侵蚀作用的工程设施。导流堤(Jettys)和丁坝相似,也是垂直于海岸的工程设施,但是功能不同,导流堤主要起到稳固航道的作用,并位于海湾入口,并不像丁坝一样沿整个海岸布置。两者都能起到促进泥沙沉积的作用,是海岸养护中常用的工程设施。根据丁坝的功能性,可以分为控导型和治导型:控导型坝身较长,坝顶不过水,能控制水流流势,使其远离海岸;治导型主要作用为削减水势,避免波浪对海岸造成冲击,从而起到护岸作用。

3.5.3.6 防洪闸

防洪闸(Flood Barrier)(图 3-7)是用于挡水和控制水位的大型工程设施。经常和海堤、防波堤等一起阻挡潮水、排洪泄洪,也能控制其围合区的水位。防洪闸一般出现在河口城市的河流关键位置。

图 3-7 泰晤士河防洪闸

资料来源:wikipedia

3.6 现代风暴潮防御中面临的主要问题和困难

3.6.1 对生态系统造成影响

风暴潮防御工程设施对生态系统的影响虽然尚缺乏量化的研究,但是无疑对海岸泥沙沉积、海洋生物迁徙、海水盐度、海水环流和水质等产生人为影响。例如美国的加利福尼亚水道工程就使得流入旧金山湾的淡水资源减少 40%,影响了水质和水生生物的栖息环境,而且还引起海水倒灌和土壤盐碱化。同样,我国的三峡工程,也使得长江入海口地区的海水入侵灾害加剧,每年当内河水位降低时,海水入侵就更严重，随着“南水北调”工程的完成，这种趋势将进一步恶化[①]。

3.6.2 高建设维护投入

风暴潮防御的工程往往是区域性的大型工程，因此在设施的设计建造过程中需要耗费大量的人力和物力。在南非，海堤通常只能维持一年就会被持续的海浪冲毁[②]。而防洪闸更是需要耗费巨大资源的大型工程，例如纽约的防洪闸方案计划耗资 20 百亿～25 百亿美金来建设，同时还要加上巨大的维护管理费用，因此使这一计划很难得到实施。同时，随着气候变化下风暴潮的日益加剧，其对防御工程设施的要求越来越高，需要重新投入开发和建造。而这种增长并不是线性的，往往需要比以往更大的投入才能重新保证城市的安全。

3.6.3 单一目标和功能的防御模式

现代工程设施从设计建设之初的目标就是进行风暴潮的防御，而很少考虑增加其他功能。这是由它的建造机制造成的，例如安全部门往往只负责该部门分内的工作，即达到安全性而不会考虑增加设施的游憩性。所以其结果就是防御设施只针对防御目的，起到防御作用。另外，大多数工程设施除了在风暴潮发生时能起到防御作用外，在平时往往没有明显的实际作用，形成一种资源的浪费。

3.6.4 缺乏宏观效益统筹

丁坝、导流堤会干扰正常的泥沙流动，破坏自然界的泥沙平衡。虽然修建丁坝和导流堤的海岸能在当地截留更多的泥沙沉积，起到防止海岸侵蚀的作用，但是它们在上游截留了过多的泥沙会导致下游泥沙的不足，造成下游更大的海岸侵蚀(图 3-8)。与之类似，防洪闸也会对周边地区造成更大的洪涝灾害。因此，现代的风暴潮防御设施常是以牺牲其他地区利益为代价的本地保护措施。

3.6.5 对城市产生割裂

工程设施，例如海堤，把原本连续的海岸空间切割为陆地和海洋，使人们难以亲近水岸。而水岸空间作为城市原本最有活力的地带，因为灾害的防御而容易沦为危险和恐惧的代名词。防洪闸则需要大面积的场地来建设，除了占地还会产生许多剩余空间不容易被利用，成为城市缺乏活力的死角。

---

① 陈崇贤. 河口城市海岸灾害适应性风景园林设计研究[D]. 北京:北京林业大学,2014.

② Antin E. How are cities planning to adapt to threats caused by climate change induced sea-level rise and flooding? [D]. Boston: Tufts University,2009

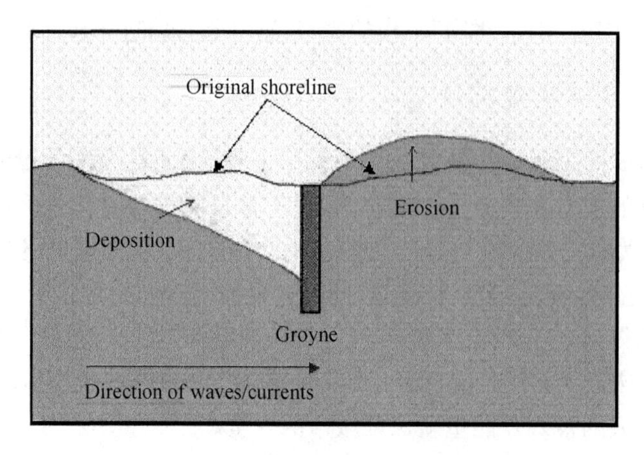

图 3-8 丁坝对泥沙沉积的影响

资料来源：www. crd. bc. ca

3.7 本章小结

风暴潮是由于剧烈大气扰动形成的海水异常升降，主要由热带气旋、温带气旋等引起，并根据最大增水来判定其预警程度。风暴潮对沿海地区造成的破坏主要为冲击破坏、洪涝和盐碱化破坏。风暴潮的强度与发生地区的地理环境条件以及是否和天文潮重合有关，并且面对全球气候变化和快速的城市化进程，风暴潮的发生将更加频繁且破坏力更加巨大。另外，本章分析了城市发展史上不同阶段人类对于风暴潮防御措施的演变，并着重说明当前的风暴潮防御措施并分析其面临的困境。

4 弹性的景观基础设施

4.1 景观基础设施在城市中的角色沿革

在城市发展过程中，景观在城市中扮演的角色一直在发生变化。在城市形成之初，景观是小型的游览、生产性的空间，并作为城市的点缀。后来由于城市建设范围的拓展和城市问题的涌现，城市对景观的需求越来越多元，景观面临的场地问题越来越复杂，由此促成了景观研究尺度和研究领域的拓展。而生态主义的兴起则挖掘了景观在帮助城市解决环境问题时的重要性与潜力。景观都市主义进一步强调景观对于城市和自然的作用，将景观从附属地位提升到统筹协调城市发展的结构性地位。研究景观基础设施在城市中的地位和角色对于构建弹性城市具有重要作用，是研究弹性景观的前提和基础。

4.1.1 景观研究尺度和领域的拓展

现代景观研究的尺度已经从刚开始的花园、庭院等小型空间拓展到城市尺度乃至区域范畴。其服务对象从最初的私人拓展到城市公众。景观设计师的实践领域空前丰富：花园、公园、水岸、海滩、街道、自然保护区、屋顶花园等等，景观已经融合到整个城市空间，变成城市的重要组成部分。而在跨学科的合作下，景观也已经具有处理更大尺度项目的能力，并通过独特的视角为城市设计和城市规划做出贡献。目前许多景观公司也同时进行城市和区域规划，例如 Field Operation 进行的深圳前海规划等（图 4-1）。

过去景观设计师会选择土壤、植被、水体等自然环境优越的场地进行景观的营造，例如中国的颐和园，位于北京西郊，西山、玉泉山、寿安山等水源汇集地，植被丰茂，面水背山，是一块造园的宝地。这样的场地为设计师提供了绝佳的条件，很少需要花费很大精力整改场地，解决环境问题。但是如今在快速的城市化进程中面临各种城市病，同时面临气候变化下日益严峻的自然灾害以及后工业时代出现的各种环境问题，景观项目不仅会选址在优良的场地上，很多时候也选址在有重大问题的场地上。这需要景观肩负起更多的功能，而不仅仅是美化和游憩。在此背景下，景观已经逐渐渗透到工业废弃地、垃圾填埋场（图 4-2）、污染的河道、荒废的城区等各个问题区域。而景观在城市中所扮演的角色也空前重要,它对自然资源和城市环境的保护、城市与自然的和谐发展等方面起到了重要作用。

图 4-1 深圳前海规划

资料来源:www.fieldoperations.net

图 4-2 Valld'en Joan 垃圾填埋场公园

资料来源:www.batlleiroig.com

另外,由于城市建设范围的扩大,城市面临越来越多的自然灾害,景观建设过程中也同样面临洪水、地震、海啸等问题。城市发展早期由于人类生产力水平低下,对于自然灾害只能采用听天由命的态度,景观建设也是尽量选择没有灾害发生的场地进行。然而,由于城市发展,使得景观建设必须直面灾害防御的问题,并且采取更加积极的态度提高自身抗灾能力,并支持城市的防灾抗灾建设。例如,日本位于地震多发地带,1923 年关东大地震后,日本许多城市公园在设计时都将灾害防御纳入考虑。东京的绝大部分公园都作为避难场所,为城市应灾做出了巨大贡献。

4.1.2 生态主义与景观基础设施的潜力挖掘

18 世纪 60 年代以来,西方工业革命的爆发,导致经济飞速发展、人口迅速增长,城市化空前加速。与之相对应,城市的环境问题大爆发,河流污染、空气污染、自然环境退化,严重威胁城市生活。于是,西方发达国家的生态意识开始萌芽,人们开始重新思考城市发展和生态环境的关系。同时,一批学者开始批判原有的城市建设行为,例如美国作家蕾切尔·卡森(Rachel Carson)在《寂静的春天》(*Silent Spring*)中对人类建设活动造成的自然环境破坏进行批判,并在社会上引起了极大的关注和思考。美国作家和记者简·雅各布斯(Jane Jacobs)的《美国大城市的死与生》(*The Death and Life of Great American Cities*)批判了传统的城市规划理论,对城市未来的发展进行了深刻的思考。在此背景下,城市规划师、建筑师、景观设计师开始探讨有助于改善城市环境,缓解城市压力,使城市和生态和谐共存的城市发展途径。

其中,美国景观规划师、宾夕法尼亚大学教授伊恩·麦克哈格(Ian Mcharg)的著作《设计结合自然》(*Design with Nature*)具有里程碑意义。在书中,麦克哈格运用生态学原理，强调设计应当从对生态系统的认识开始，城市规划与设计应当符合自然的发展规律，顺应自然的演变过程，根据场地的自然属性来判断相应的发展策略。麦克哈格也首创性地发明了千层饼式的生态设计方法(图 4-3)，他基于对生态系统的认识，将场地系统中的人、动物、植物、水文、地质、气候等因素进行单独分析，

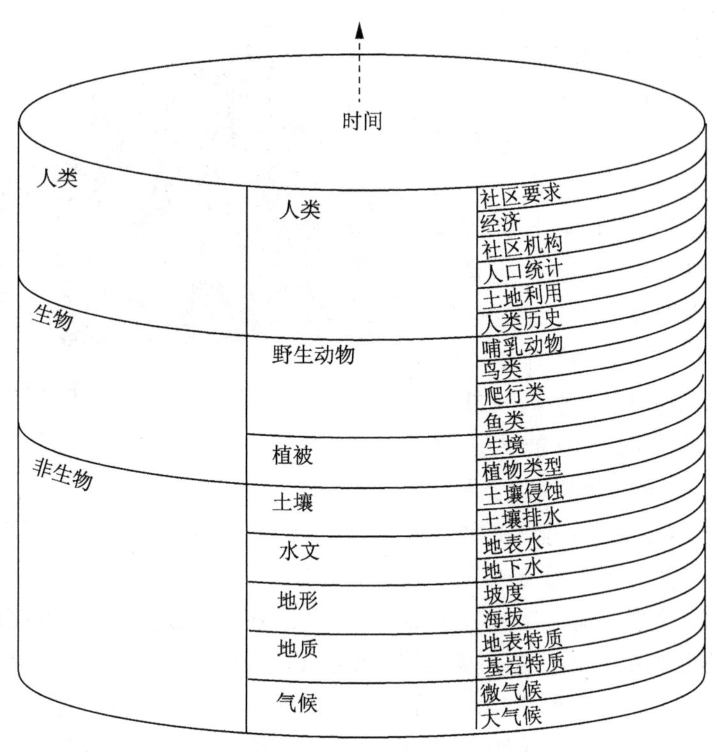

图 4-3 “千层饼”地图叠加

资料来源:《生命的景观》

并通过地图叠加来发现场地问题和潜力，为设计提供依据。此后，生态设计理论继续发展，1986 年著名生态学家理查德·福尔曼(Richard Forman)和米歇尔·高登(Michel Godron)共同出版的《景观生态学》(*Landscape Ecology*)，以及福尔曼在 1995 年完成的《土地嵌合——景观和区域生态》(*Land Mosaics-the Ecology of Landscapes and Regions*)等著作研究了景观生态格局和链接模式，论述了景观生态能量和物质的流动过程，完善了生态设计理论。这些理论研究用景观的方式，结合生态与设计的重要性和可能性，为城市发展中生态环境问题的解决提出一种新的思路。

在理论的基础上，景观结合生态主义的设计实践不断进行，也取得了许多成功案例。例如，西雅图煤气厂公园(图 4-4)原来是美国一家从煤中提取汽油的工厂，数十年来工厂的排放物对周边环境造成了极大的破坏。于是政府希望将其改造为城市公园，提高环境质量。在公园建设中，设计师运用生态学原理，通过适当植物的选择和生物土壤净化技术极大地改善了土壤和公园环境，成为城市中具有吸引

力的公共空间。杰出案例还有杜伊斯堡风景公园、阿姆斯特丹西瓦斯工厂文化公园等。这些公园利用生态学方法，综合分析场地动植物、土壤、水体等自然环境，因地制宜地采用最少干预的设计手法。同时引入生态学的自然过程，尊重自然规律，恢复场地的自我修复能力。另外，强调场地资源的循环利用，注重清洁能源的使用和公园能耗的降低，并注重生态环境的修复，保护场地的物种多样性，促进生态系统的功能发挥。

图 4-4　西雅图的煤气厂公园

资料来源：www. seattlemag. com

这些景观结合生态主义的设计手法在工业废弃地、城市棕地更新中取得了良好的效果，目前已经拓展到河道的生态修复、矿区生态修复、滩涂湿地修复等越来越广的领域。这些实践项目展示了景观对于城市能够产生重要影响，它既可以将被污染的场地进行改造，提高环境质量，优化城市建设和生态系统的关系，又能将城市发展过程中产生的废弃地进行重新利用，活化城市空间，改善城市生活。景观的作用已经不仅仅局限于创造一个可供游憩的优美环境，而且作为城市中的一个重要组成部分，在协调城市和生态矛盾中扮演着重要的角色。生态主义也启发了景观基础设施在应对灾害上的更多可能性。其分层分析的设计手法，加深了设计中对于自然环境的理解，建立起自然环境和景观建设相协调的发展模式，尽量减少与生态系统的冲突，减少人为灾害的发生。同时，它遵循自然的动态变化过程，引入自然物质和能量循环，通过修复自然循环机制来疏导灾害对城市的影响。另外，它强调了土壤学、地质学、气象学等多个学科的整合，强调各自然要素之间的连通性，使景观基础设施在空间和功能上更加适应环境的变化，提高应对灾害的能力。综上，生态主义强调了景观对于城市的重要作用，并挖掘了景观基础设施对于解决城市环境问题、应对城市灾害中的所具有的巨大潜力。

4.1.3　景观都市主义与景观基础设施的重新定位

“景观都市主义”(Landscape Urbanism)由景观设计师瓦尔德海姆(Charles Waldheim)在 1997 年首次提出。他在《参考宣言》(*A Reference Manifesto*)中对景观都市主义进行解释，在现代城市化发展进程中，景观都市主义是一种整合现有城市秩序的新的有效手段,也是组成城市结构的不可缺少的要素。景观综合考虑城市环境、基础设施以及嵌入城市内部的空间,并通过目的明确的设计和规划方式,加强城市的可读性和凝聚力,从而使城市成为一个健康的和具有活力的有机统一体①。景观都市主义的兴起一直伴随着批评,认为是可持续发展、生态主义等思想的重新包装,但是它重新审视了景观在城市中的位置,以及景观、自然还有城市的关系。它的兴起证明了人们对于传统城市规划思想的反思以及对景观基础设施重要性的重新认识。

1) 对建筑都市主义的批判

从城市建立之初,城市规划都是在以建筑为主的思想下进行的(图 4-5)。其规划方法往往是建筑和道路先行布置,剩余空间则指派为景观公园或其他开放空间。于是城市成为建筑、道路等人工设施的冰冷集合体,而景观和自然成为城市的背景。这种城市规划割裂了城市与环境的关系,忽略了自然的动态过程,城市成为自然能源与物质循环中的死结。如今面临快速的城市化压力,建筑都市主义下的城市开始出现环境污染、交通拥堵、市中心衰败等城市问题。因此一种新的整合城市与自然的规划途径需要被研究和实现。

图 4-5 柯布西耶现代主义城市规划

资料来源:《光辉城市》

2) 自然与人工二元对立的消除

1955 年,维克多·格鲁(Victor Gruen)提出"都市景观",强调城市应当突破建筑的限制,将建筑与周边环境进行联系。彼得·罗(Peter Rowe)将城市边缘区域定义为"中间景观(Middle Landscape)",并提出为了使其转变成为更有意义的公共空间,首先应当关注的是区域的景观而不是独立的建筑形式。美国哥伦比亚大学建筑历史评论家弗兰姆普顿(Kenneth Frampton)在其《通向城市景观》(*To-*

① Waldheim C. The landscape urbanism reader[M]. Princeton: Princeton Architectural Press, 2006.

wards an Urban Landscape）一书中也明确提出“在面对持续遭受商业化和人工化破坏的城市环境中，景观应当作为并且也有能力充当补偿性的角色”。建筑师雷姆·库哈斯(Rem Koolhaas)指出，城市应当看成是一个不断伸展并融合其他组成部分的“景”，并表明建筑已经不再是决定城市秩序和形态的关键性因素。在这些研究中，城市逐渐被认为是自然的一个部分，两者之间的边界逐渐模糊，景观在城市中的作用也越来越明显，越来越摆脱被动地留白式的规划途径。自然与人工的二元对立开始消除，景观与建筑的二元对立出现了融合。

3）景观作为构架性学科

如果说麦克哈格的“设计结合自然”思想是一种自然的生存策略，那么景观都市主义思想则应当被看作一种城市的生存策略[①]。景观都市主义改变原来被动地看待自然的态度，而是将自然融入城市发展的体系当中，把景观作为城市结构重组的平台和有效工具。瓦尔德海姆认为景观设计已经代替建筑学和城市设计，成为城市建设的构架性学科，并成为新一轮城市复兴中激发城市活力的基本要素。景观可以为社会快速发展、城市转型过程中出现的各种问题提出有效的解决方法。宾夕法尼亚大学景观设计系教授詹姆斯·科纳(James Corner)和西澳大利亚大学教授理查德·维勒(Richard Weller)后来在瓦尔德海姆的基础上对景观都市主义思想进行汇总，提出景观将成为城市最根本的系统被放在突出位置，因为它比建筑和城市规划更加全面，更具有结构性作用[②③④]。

景观都市主义将景观在城市中的从属地位提高到了决策性的主导地位，虽然不能排除为了学科发展而做的特意抬高，但确实反映了景观在现代城市发展中越来越受重视，景观已经不仅仅是生态主义下用来弥合城市和环境问题裂缝的手段，而成为统筹人工与自然、城市和环境的主动性规划平台。同样，在应对城市灾害上，景观也将承担更多的责任，通过充分发挥自身协调统筹的能力，在城市灾害防御上发挥越来越大的作用。

---

① Andersson T. Landscape urbanism versus landscape design[J]. Topos: European Landscape Magazine, 2010,71:80.

② Mostafavi M, Najle C, Coner J. Landscape urbanism: A manual for the machinic landscape[M]. London: Architectural Association, 2003.

③ Corner J. Terra Fluxus[J]. Lotus International, 2012(150):54-63.

④ Weller, Musiatowiz. Landscape urbanism: Polemies toward an art of instrumentality[M]// Jessica Blood, Julian Raxworthy, eds. The mesh book: Landscape/infrastructure[C], Melbourne: RMIT University Press, 2004.

4.2　景观基础设施的特点与弹性城市契合的潜力

根据前面章节所述，弹性城市包括生态、工程、经济、社会等多个方面，需要多个方面的弹性建设以及配合才能实现。景观基础设施作为城市的重要组成部分，也需要通过多种策略来提高自身弹性。然而相比其他城市系统，景观基础设施由于自身的特点，非常契合弹性城市的理念，对于构建弹性城市具有重要意义。本节将从景观基础设施的自然联系性、功能复合性、动态适应性、网络层次性四个方面分析景观基础设施与弹性城市契合的潜力。

4.2.1　自然联系性

景观基础设施首先包括自然的水道、湿地、森林、野生动物栖息地和其他自然区域，直接作为自然的组成部分，体现了景观基础设施的自然属性。其次，景观基础设施也包括人工的绿道、公园等，是自然生态的载体，履行自然的生态功能。因此景观基础设施一方面与自然相接，发挥自然在城市中的生态服务功能；另一方面与城市相接，将城市生活融入自然中去。景观基础设施在自然和城市之间弥补两者的裂隙，使其融合为一，将城市化作生态系统的一部分，达到物质和能量循环的动态平衡。

在弹性城市理论中，强调了城市的自然连通性，把外界冲击当成自然动态变化的过程。而城市需要一种新的规划发展途径才能做到与自然的融合，景观基础设施则提供了一个平台，将城市各个系统和自然进行连接。同时，自然法原则也是构建弹性城市中的重要原则，强调了城市建设要遵循自然规律，适应自然循环。景观基础设施不仅能起到修复环境、保护自然生态的作用，也能起到引入自然动态循环，达到城市与自然平衡共荣的作用。因此，景观基础设施的自然联系性是构建弹性城市的重要因素，甚至是不可或缺的因素。

4.2.2　功能复合性

景观基础设施不仅具有吸收二氧化碳释放氧气，净化空气、水体、土壤，涵养水源等生态服务功能，也能满足城市交通、排水、排污、通风、调温等基础设施需求，还能提高环境舒适度，满足审美、公益、教育、游憩等社会需求。与之相比，传统的灰色基础设施一般只能实现一种功能，例如排污系统只能进行污水的排放而不具备任何生态功能，更不能为城市居民提供游憩、审美等社会功能。相反，由于排污系统功能单一，其应对外界冲击的能力也较弱。当降雨量大时，排污系统的容量没有弹性容易造成排流不畅，污水上涌。可见，景观基础设施在功能复合性方面比传统灰色基础设施具有更大的优势。

弹性城市强调了城市发展的不确定性和多种可能性，因此弹性的设计应当适应多种发展情景，能够应对多种发展需求。景观基础设施的功能复合性正好符合弹性城市的这一核心理念。同时，多样性是提高城市弹性的重要原则，这不仅仅只是个体的多样性也是功能的多样性。当城市系统中的某个单元具有多个功能时，一旦在外界冲击下某个功能失效，也能由其他功能继续发挥作用进行弥补，或者其他具有多功能的单元进行补充，而不至于导致整个系统的崩溃。因此，景观基础设施的功能复合性和弹性城市的理念相符合，是构建弹性城市的重要因素。

4.2.3 动态适应性

景观基础设施首先具有生命的动态属性，景观基础设施中的生命体随着时间生长衰败，是自然界物质和能量循环的组成部分。自然界循环变化，而所有与之适应的事物也在循环变化之中，因此景观基础设施的动态变化性是融入自然过程的必要条件。其次，景观基础设施对外界的光、风、水、重力等变化具有调节适应能力。景观基础设施具有适应外界干扰的生态修复能力，因此在一定程度下，遭受洪水、地震等破坏后能够重新恢复到一个新的平衡状态。

弹性城市指出，城市是动态的，城市所能达到的平衡也是一种动态平衡。弹性城市并不抗拒干扰，事实上干扰本身就是城市动态平衡的一部分。因此城市对干扰的适应是一种动态适应。这个理念与景观基础设施的动态适应特点相一致，而弹性城市的这一理念可以说脱胎于对自然的观察和理解，因此两者具有共通性。在此基础上，城市可以利用景观基础设施的动态适应性特点让自然做功，起到主动适应外界干扰的作用，是构建弹性城市的关键因素。

4.2.4 网络层次性

景观基础设施包括公园、绿道、自然保护区等，分布在城市各个地方，形成一个功能性的网络。同时景观基础设施小到单个场地，大到整片区域，涵盖不同尺度、不同地理范围。景观基础设施的这些特点使其能在城市中发挥各系统之间连接和沟通的作用。景观基础设施可以作为将众多因素连接在一起的结缔组织，将具有不同特质的元素集合在一起，并加强这些元素之间的凝聚力①。

弹性城市强调了城市是一个复合系统，城市间各个系统应当相互联系，形成网络。景观基础设施的网络层次性正好体现了弹性城市的这一要求，而且景观基础设施不仅本身是一个网络系统，同时也能在城市中扮演各个系统之间的连接角色，

---

① 洪盈玉.景观基础设施探析[J].风景园林，2009(3)：44-53.

构建城市系统的网络关系，提高城市弹性。

4.3 弹性的景观基础设施框架体系

为了研究方便，本书在绿色基础设施"网络中心-廊道-站点"的框架体系(图 4-6 左)[①]基础上提出了新的弹性景观基础设施框架体系。绿色基础设施强调空间上的连通性和网络性，然而在实际中，城市建设中的建筑、道路等设施往往将自然网络隔离得支离破碎，绿色基础设施很难形成连续、贯通的网络系统。虽然目前有很多尝试，比如通过生态桥来弥补快速路对生态系统的切割，但这些弥补措施始终赶不上快速的城市化进程。另外，绿色基础设施和生态基础设施虽然都强调把将绿色、生态的景观作为基础设施整合城市建设，但其框架体系始终停留在空间平面角度，而没有实质性地涉及立体抽象的各个系统的合作。在此基础上，本书根据景观基础设施的特点并在弹性城市理念指导下提出"模块-网络-维度"的弹性景观基础设施框架体系(图 4-6 右)。

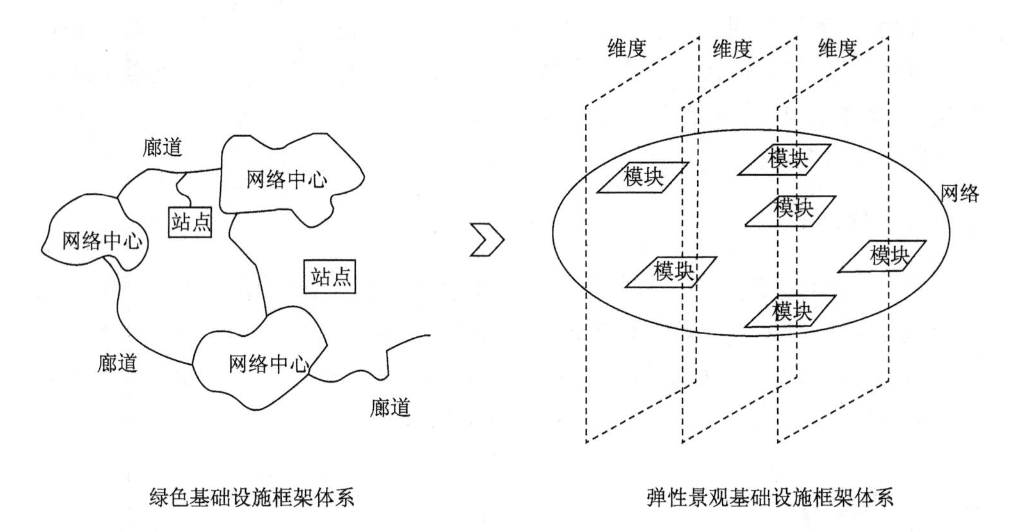

图 4-6 绿色基础设施框架到弹性景观基础设施框架的转变

资料来源：作者自绘

① Benedict M A, McMahon E T. Green infrastructure[M]. Washington, Covelo, London: Island Press, 2006.

4.3.1 模块

模块指景观基础设施中的景观单体，可以是单个公园、街道、自然保护区、绿色河道等等。这些模块之间可以是相互联系的，也可以是互相分离的。模块的概念相对于绿色基础设施中的网络中心弱化了“联系性”，而强调了“灵活性”。为了实现景观基础设施的弹性，模块之间将会有适当的冗余度，也就是模块在面临外来冲击时能够有更多的选择，而特定模块的调整也不会影响其他模块的运作。同时，模块也具有功能的多样性以适应不同的情境。这个概念其实并不是新的创造，在城市经济弹性的研究中，也提出过模块化经济，减少牵一发而动全身的影响。

4.3.2 网络

弹性景观基础设施中的网络并不是绿色基础设施中有廊道联系起来的实体网络，而是一种功能网络。这个功能网络是空间上各个模块的集合，它们之间通过功能的叠加来实现特定的弹性需求。同样，弹性景观基础设施的网络并不强调其空间的连通性，而是强调功能的联通性。例如，在空间上绿地的泄洪功能可能会被城市快速路切断，但是被切割的两个绿地能形成新的径流或者与周围其他景观重新相连，从而在空间被切割的情况下达到功能的联通。为了达到这一点，需要发挥景观基础设施的多元性和多功能性，为形成新的功能连接键提供条件。

4.3.3 维度

维度是超越空间平面之外的第四维的系统，指空间之外的抽象维度，如经济、社会、政治等。维度对应弹性城市下景观基础设施学科融合的特点，强调了跨学科的多元整合。维度围绕在空间上的网络周围，通过景观基础设施这个具象的空间来为各个维度提供平台，起到整合多维资源的效果。

4.4 本章小结

本章将弹性城市理论和景观基础设施进行结合，首先从景观基础设施的发展和在城市中扮演的角色论述两者结合的必然性。其次，从景观基础设施的特点与弹性城市理念的高度契合性论述了两者结合的可行性。在必然性上，伴随着城市的发展，景观基础设施的研究范围和领域不断拓展，同时生态主义的思潮发掘了景观基础设施解决城市问题的潜力，而景观都市主义则将景观基础设施从从属地位提高到了整合城市规划与建设的结构性地位。因此景观基础设施在城市中扮演的角色越来越受到重视，是构建弹性城市必然需要研究的内容。在可行性上，分析了景观基础设施的自然联系性、功能复合性、动态适应性、网络层次性四个特点，并与弹性城市的理念相比较，发现两者具有很高的相似性，并能起到相互促进的作用，因此发展景观基础设施是弹性城市建设中十分可行的策略。

另外，在弹性城市和景观基础设施结合的基础上，本章提出了弹性景观基础设施的框架体系。该体系借鉴了绿色基础设施的框架，分析其弊端，加入弹性元素升级为弹性景观基础设施框架体系。这个框架体系一方面总结弹性城市下的景观基础设施理念，另一方面为本书进一步研究弹性景观基础设施策略提供基础。

5 风暴潮适应性景观

5.1 基于理论框架的景观基础设施策略

弹性城市为城市适应灾害提供了具有理论深度的思想和全面的理念指导，而景观基础设施在城市中扮演着越来越重要的角色，其本身特点也使其成为构建弹性城市的重要方面。在结合风暴潮灾害的分析后，本节将基于弹性景观基础设施理论框架提出风暴潮适应性的几方面策略。

5.1.1 景观基础设施模块

5.1.1.1 增加时间维度的动态性

弹性城市强调城市是动态变化的，外界对城市造成的干扰是动态平衡的一个组成部分。因此城市对于灾害的适应也应当具有时间的动态性，而不能以静态的思路去解决动态的问题。在传统的风暴潮应对措施中，城市往往希望通过工程措施来限制它的动态性。例如通过修建海堤和防洪闸将潮水控制在一个范围和高度以内，这些基础设施自身是固定而缺乏变化的，在应对变化中的风暴潮时则往往显示出弹性的缺乏，是对自然动态过程的忽视。而在现实中，人们往往不能完全掌控这些工程设施，一旦超过其承受范围或者出现崩溃，将使风暴潮等自然灾害造成更大的破坏。

而景观是一种新的手段，因为它具有协调多种动态因素的能力，容许各种因素不断地发生现时变化[①]。在风暴潮的适应性建设中，景观基础设施应当充分发挥其动态适应性特点，根据风暴潮不同时段的发生、发展特点采取不同的适应性策略。

纽约盖特威国家游憩区设计竞赛的中标项目(图 5-1)是体现景观基础设施在风暴潮适应中的时间动态性的典型案例。这是一个位于布鲁克林和皇后区之间占地 10 000 多公顷的野生动物保护区和栖息地，但是由于城市排污、围海造地以及垃圾填埋，这里的湿地正在快速消失。中标者阿什利·斯科特·凯利和若林花子

---

① 华晓宁，吴琅. 回眸拉·维莱特公园：景观都市主义的滥觞[J]. 中国园林，2009，25(10)：69-72.

等利用潮汐、洪水以及海平面上升的动态变化过程设计了一个多角度感知盖特威的方案。在方案中，设计者并没有设置全封闭的海堤，而是设置了一个允许海水淹没的区域。游憩区内主要的公共设施，如建筑和码头等都设置在最高水位以上，即在任何情况下都不会被淹没。在可淹没范围内，防波堤和码头为人们提供一个近距离观察海水涨落和动植物的场所。在低水位时，未被淹没的场地可以作为日常公园使用，可供散步、野餐、锻炼等；而当水位上涨，该区域被淹没时，又可用于皮划艇活动，也能在防波堤上进行垂钓(图 5-2)。因此这是对自然海水涨落的一种动态适应，以一种更加开放的态度来面对城市和海洋的关系，“营造一个能够时时反映自然界变化的场所”(图 5-3)①。同时也为风暴潮提供一个在陆地与海水之间的共生区域，通过在此区域内的更迭交替实现其破坏力的消减。

图 5-1　盖特威国家游憩区平面图

资料来源：www. ashleyscottkelly. com.

① 阿什利·斯科特·凯利，若林花子，赵彩君. 绘制群落交错区　展望盖特威国家游憩区[J]. 风景园林，2007(6)：13-19.

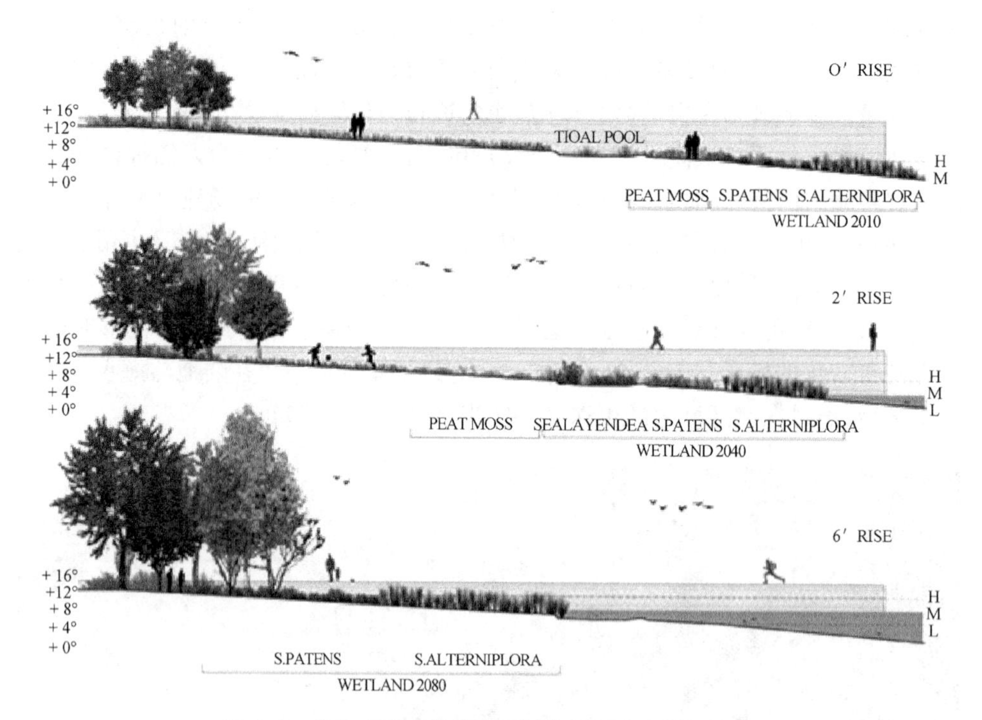

图 5-2　盖特威国家游憩区不同海平面高度的场地使用

资料来源：www. ashleyscottkelly. com.

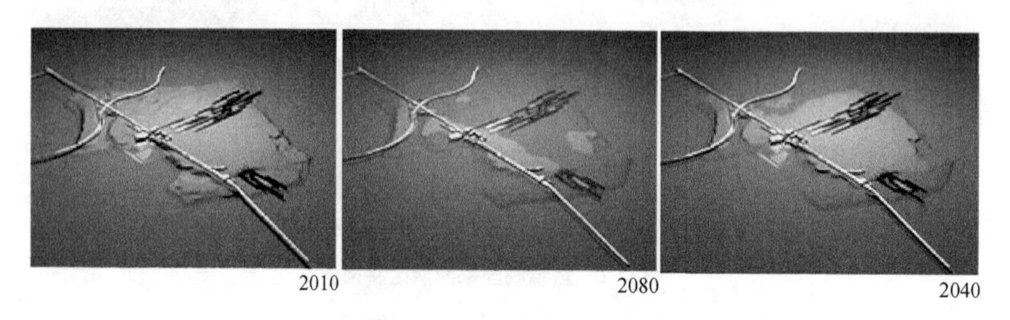

图 5-3　盖特威国家游憩区不同海平面高度时的被淹区域

资料来源：www. ashleyscottkelly. com.

5.1.1.2　满足多功能的弹性需求

传统应对风暴潮的工程设施往往只具备防御的单一功能，不仅在平常时期不能发挥任何作用，造成资源闲置，也会造成城市肌理的破碎和城市功能的断裂。例如海堤的设置割裂了人与海洋的互动，破坏了海岸的亲水性；而防洪闸则需要征用大量土地，造成城市空间的浪费和水岸活力的丧失。然而，在弹性城市指引下，景观基础设施应当具有功能的多样性以满足城市不同的需求，从而适应城市发展的多种不确定性。简·雅各布斯也在《美国大城市的死与生》一书中明确地提出多样性是城市的自然特征，是城市富有活力的源泉，并且指出对城市的改造应该是以激活城市的多样功能为目标，从而满足城市居民复杂的使用要求①。

景观基础设施具有功能复合性的特点，具有为城市提供多种服务功能的潜力。它不仅能提供吸收二氧化碳释放氧气，净化空气、水体、土壤，涵养水源等生态服务功能，也能满足城市交通、排水、排污、通风、调温等基础设施需求；同时，也能提高环境舒适度，满足审美、公益、教育、游憩等社会需求。在适应风暴潮的景观基础设施建设中应当充分发挥景观基础设施的这些潜能，为城市提供尽可能多的服务功能。

使景观基础设施在风暴潮适应性建设中达到功能多样性，可以通过如下措施：(1)分时段赋予不同的功能，这也与景观基础设施时间动态性相关，即在风暴潮发生时主要起到保护城市、减弱风暴潮影响的作用，而在平时则起到一般城市公园绿地的游憩等功能。(2)分空间赋予不同的功能，通过发掘景观基础设施垂直方向的空间，赋予立体的功能分布，同时注重剩余空间的利用，结合绿化、生态、教育赋予其新的活力。通过这两个方面，使景观基础设施形成一个多层次相互穿插的连续、流动的空间系统。

对于现今已经存在的大量灰色工程设施，也可以通过与景观相结合的方式赋予其更多的功能。例如防波堤可以结合景观观光、交通、提供生态栖息地的功能。加拿大温哥华海堤围绕斯坦利公园(Stanley Park)，绵延 15 个街区，原来主要用于防止公园的海岸侵蚀。但是在后来的改建中，将人行道、自行车道、轮滑道以及附属绿地与海堤结合，使其成为广受当地人欢迎的户外运动场所，也成为当地的旅游胜地，变成最吸引人也最具特色的市政项目。因此，传统的灰色基础设施也可以通过景观基础设施使其具有更加丰富多样的功能，在城市中发挥更多的作用(图 5-4)。

图 5-4 多功能的温哥华海堤

资料来源：vancouver. ca

① 简·雅各布斯. 美国大城市的死与生[M]. 金衡山，译. 南京：译林出版社，2006.

5.1.1.3　构建地域性的景观基础设施

本地化原则是弹性城市中的重要原则，强调了本地材料的选择以及根据当地环境条件进行设计和建设。而现在一般的风暴潮防御工程设施往往缺少对地域性的考虑。在全球化大生产的背景下，各个地区和城市的海堤、防波堤、驳岸常常如出一辙，采用相似的结构和相同的材料，造成了地域特色的丧失。而异地材料的使用也会增加运输和使用的成本，不利于弹性城市的可持续发展。因此，通过将风暴潮适应性景观基础设施"因地制宜"的本地化原则贯穿始终，不仅能够满足风暴潮防御的需求，也能对所处地域做出响应，将地域特色和环境具体要求考虑到景观基础设施的设计中去，有针对性地提出与当地更加和谐的方案。

图 5-5　互花米草

资料来源：wikipedia

1）本地材料的选择

在沿海城市风暴潮灾害多发地区，当地的植物经过多年的自然选择和进化已经发展出了一套适应灾害的防御机制。例如美国东南海岸繁盛的互花米草（图5-5）是纽约地区是一种常见的本土植物，它能够耐受高强度的风暴潮侵袭，也能很好地起到减缓波浪冲击、保护内陆海滩的作用。另外，本地化的植物材料能够更好地适应当地环境，相比外来引进物种，具有更好的适应性，在灾害中也表现出更好的抵抗能力与恢复能力。而对于工程材料的选择，本地坚硬耐腐蚀的自然材料也相比外地引进的材料造价更低，更加环保，也表现出更好的弹性。

2）符合场地要求的景观基础设施

景观基础设施继承了生态主义设计对于场地的严谨分析，主张城市规划和设计应当符合自然的发展规律，顺应自然的演变过程，根据场地的自然属性来判断相应的发展利用策略。在麦克哈格的千层饼式的生态设计方法中，他基于对生态系统的认识，将场地中的各个系统通过地图叠加来发现场地问题和潜力，为设计提供依据。因此，在风暴潮适应性的景观基础设施建设中，首先应当对场地中风暴潮的发生、发展及其影响进行分析。其次，分别对场地的水文、地质、地形、植被、动物、人类活动等系统进行分析，并通过地图叠加的方式寻找与风暴潮之间的联系。再次，结合自然界的物质和能量的循环规律，制定因地制宜、顺天应地的景观基础设施发展建设方案。

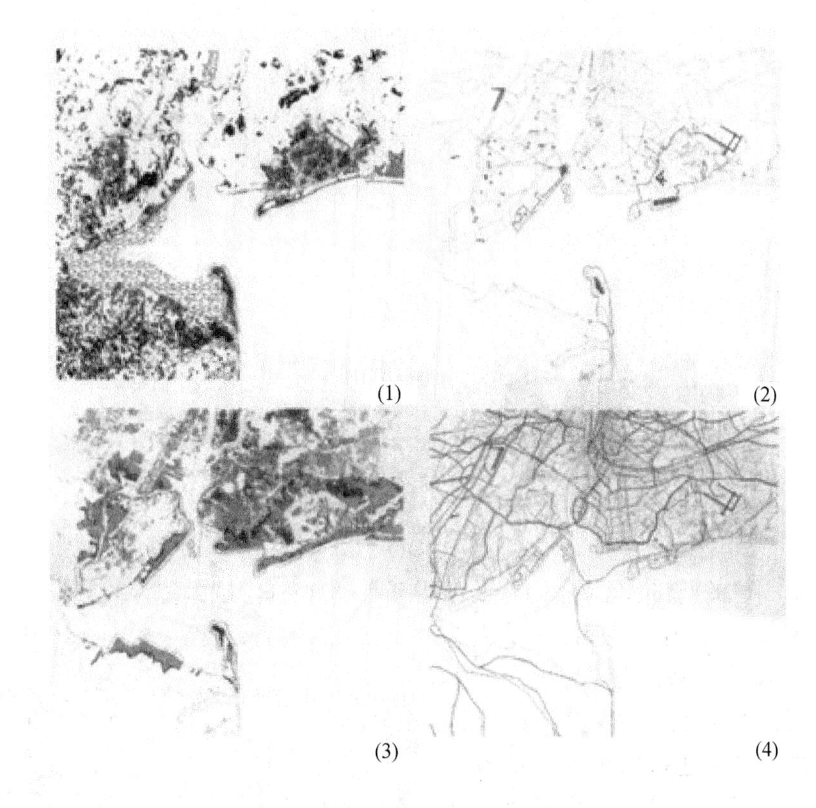

图 5-6　盖特威游憩区各系统分析

资料来源：vanalen. org

例如在盖特威游憩区设计竞赛中的“重组生态”方案中，设计者分别对植被与栖息地、历史与活动项目、洪水与海面上升、道路与水体污染进行分析(图 5-6)。分别指出陆地和水生栖息地需要进行连接和拓展；丰富的历史文化建筑需要进行保护；由于海平面上升导致的洪水已经扩大影响范围，盖特威地区本地和与外界联系的公共交通需要得到提升；牙买加湾内污水排放需要得到控制并采取一定净化措施。在分层分析的基础之上，将各个系统进行地图叠加可以得到矛盾集中的地点以及各系统间相互影响的关系，于是得出了总体的平面图(图 5-7)。

3）构建具有当地特色的景观基础设施

在满足风暴潮适应的基础上，景观基础设施还可以体现当地历史文化和地理风貌。自工业革命以来，大规模的批量化生产也使城市面临千城一面的局面。雷姆・库哈斯甚至将城市称为“现代机场”，认为现代城市应当不再具有“个性”，而变

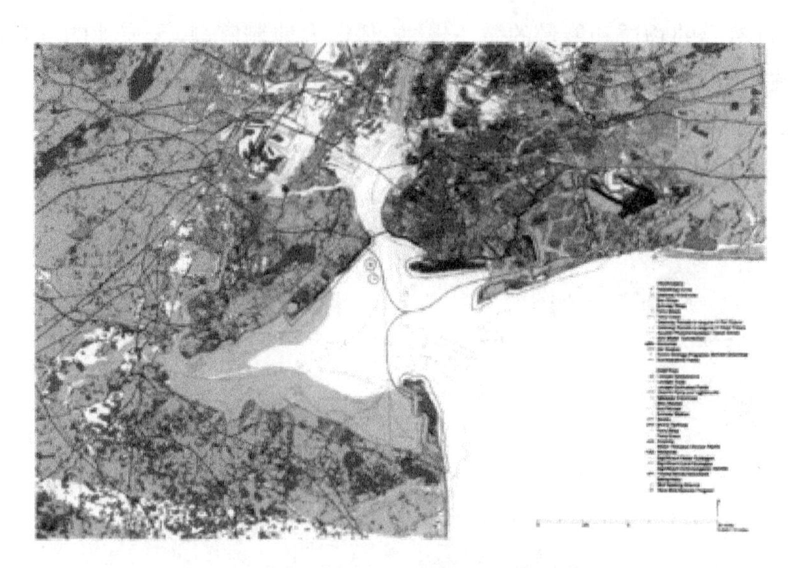

图 5-7 盖特威游憩区总平面

资料来源：vanalen. org

成了千篇一律的“普通城市(Generic City)”[①]。景观基础设施作为城市资源和格局的整合手段，对于地域特色的形成具有重要作用。因此，在设计中应该将当地的地域特征融入景观基础设施中去，并通过抽象、提取等设计手段做到在景观中的再现。同时通过历史性建筑场地的保护与再开发建设的结合延续历史文化，体现当地特色。

图 5-8 东斯尔德风暴潮大坝

资料来源：www. west8. nl

1953 年荷兰南部的塞兰德(Zeeland)地区发生的风暴潮使近 2 000 人丧生，因此政府制定了三角洲计划，在塞兰德海域建造东斯尔德风暴潮大坝(Eastern Scheldt Storm Surge Barrier)来减轻风暴潮的危害。堤坝建成后，政府却没有资金去清理建造时留下的凌乱场地。因此 West 8 设计公司通过景观的方法介入，首先将砂石

① Koolhaas R, Mau B, Werlemann H. S, M, L, XL[M]. New York: The Monacelli Press, 1998.

整理成高地，为沿大坝通行的人们提供观看海洋的场地。然后，他们对这块高地进行艺术化处理，在上面覆盖附近蚌养殖场废弃的蚌壳，通过黑白两个颜色的蚌壳铺成方块图案，模仿荷兰当地的方块状农业景观，使之形成了一个大地艺术，当车辆行驶而过，因车速不同形成不同的景观。同时，设计师与生态学家沟通，为濒临灭绝的海鸟提供繁殖场所。整个大坝成为与海鸟的互动空间，白色的海鸟栖息在白色的贝壳上，黑色的海鸟栖息在黑色的贝壳上。如今，这个景观已经成为荷兰独具特色的景点，不仅代表了荷兰的风土特点，也体现了荷兰长期与风暴潮相适应的历史文化(图 5-8)。

5.1.2　景观基础设施网络

5.1.2.1　构建与自然相联系的景观基础设施

1) 消除与自然的二元对立

城市传统抵御风暴潮的方法是构建硬性的工程设施，如海堤、防波堤、防洪闸等，将潮水挡在城市之外，希望不对城市产生影响。而在弹性城市的理念下，风暴潮作为一种干扰是可以被城市弹性地吸收的，并将干预看成城市动态平衡的一部分。因此，现在的问题不是我们应该如何建设得更加快速和坚固来将风暴潮排除于城市之外，而是如何通过一种更加和缓的方式来将城市再次与水合二为一，把城市硬性边界变成一个连续的、过渡性的自然与城市的集合体，而不是一个战场①。

在弹性城市的观念之上，构建风暴潮适应性景观基础设施时，不应该将其当成风暴潮的防御工具来将风暴潮阻挡于城市之外，而是将其当成城市与自然的桥梁，重新恢复风暴潮和城市的动态平衡。在这个过程中，景观基础设施应当充分发挥其自然联系性的特点，既在城市中发挥基础设施的功能，又在自然中有机纳入物质和能量循环，从而将城市与自然进行融合，达到共同的弹性动态平衡。风暴潮作为自然系统水和能量循环的一个组成部分，可以通过景观基础设施来将其与城市本身的水循环和能量循环进行连接，起到消化吸收风暴潮干扰的作用，达到城市与风暴潮的适应性融合。

2) 利用自然做功

首先，景观基础设施能够从根本上减少碳排放，减缓气候变化下的海平面上升以及风暴潮灾害的发生。减量化原则是构建弹性城市的基本原则，然而城市往往是碳排放最严重的区域，是全球气候变暖和海平面上升的主要贡献者。例如，我国

① Nordenson G, Seavitt C, Yarinsky A. On the water: Palisade bay[M]. Stuttgart: Hatje Cantz Publishers, 2010.

城市的碳排放量就占到了全国总量的 90%[①],而景观基础设施对于固碳降碳能起到重要作用。研究表明,纽约市的树木每年可吸收 383 亿 t 二氧化碳,相当于燃烧 153 亿 t 的标准煤所产生的碳排放量[②]。在城市化快速发展的今天,虽然一方面可以通过各种减排手段进行碳排放量的控制,但是很多发展中地区往往控制量赶不上增长量,因此通过这种景观生态的方式来促进降碳是非常重要的降碳途径。增加景观基础设施的绿化覆盖率将从长远角度对风暴潮适应起到重要作用。

其次,自然的生态系统对于风暴潮有一定的适应性,可以充分发挥自然的弹性来起到保护城市的作用。根据弹性城市把外界冲击(如风暴潮)当成动态平衡的理念,自然灾害的发生也是自然界能量循环的自然过程,因此自然界也相应地具有吸收外界冲击、达到新的平衡的能力。在风暴潮的自然适应中,自然界有一些生物群落能够起到吸收潮水冲击、减弱潮水破坏力的作用。例如自然的湿地系统,包括盐沼湿地、红树林、芦苇、草甸等,能够有效地减少风暴潮对城市的影响。盐沼湿地在潮间带生态系统中扮演着重要角色,是许多近海生物栖息和生长的场所。当风暴潮发生时,盐沼植物可以起到降低波浪速度、消解冲击能量、促进泥沙沉淀的作用,同时植物根茎能够起到固定悬沙、净化水质的作用。另外,红树林也是一种非常有效的风暴潮适应性群落。红树林拥有强大的根系可以固定泥沙,防止海岸侵蚀,还能通过促进泥沙沉积来抬高地势,起到自然海堤的作用。而且,红树林不需要人工维护,在自然健康的生态环境下就能自我发展,起到保护周边海岸和城市的作用。因此,在构建与自然相联系的景观基础设施时,应当充分发挥自然在风暴潮适应中的功能。做好盐沼湿地、红树林、芦苇等自然群落的保护工作,为其创造适宜生长的环境,使自然做功。

Kate Orff 和 SCAPE 景观事务所(SCAPE Landscape Architecture)的设计作品牡蛎礁石公园(图 5-9)是利用自然做功的一个案例。美国现代艺术博物馆(MOMA)开展题为“上升的海平面”的展览,意在探讨气候变化和海平面上升背景下纽约的适应性策略,牡蛎礁石公园是其中一个参展作品。在纽约海湾内的防波堤外围,方案利用木桩和绳网组成的支撑结构,并利用牡蛎的生活习性,使之附着其上。随着牡蛎不断生长,形成牡蛎礁岛,并与防波堤融合成为一个坚固整体。牡蛎礁岛适应海洋环境并能自我更新,不断成长,能够起到良好的减缓波浪冲击的作用。同时,牡蛎礁岛可以形成一个适宜动植物栖息的具有生物多样性的稳固生态

---

① 国际能源网. 我国低碳经济发展路径选择和政策建议, http://www. txsec. com/view/content_page. asp? id=385734. 2009-12-15.

② EPA (Environmental Protection Agency). Inventory of US Greenhouse Gas Emissions and Sinks. 1990-2006[R/OL]. [2008-04]. http://epa. sownar. com/climatechange/emissions/downloads /08_CR. pdf.

系统。同时，牡蛎通过自身的新陈代谢，可以起到净化水质的作用，这个由牡蛎、蚌类、鳗草组成的生物净化厂，每天可以处理千吨海水。另外，公园还通过牡蛎形成独特的景观，成为集防潮、游憩、教育、生态于一体的景观基础设施。牡蛎礁石公园将海洋生物的生活习性为人所用，创造互惠互利的合作关系，在低投入、低维护的情况下利用自然做功，达到风暴潮适应和净化环境、活化城市生活的多重作用(图 5-10)。

图 5-9　牡蛎礁石公园

资料来源：www. scapestudio. com

Life cycle

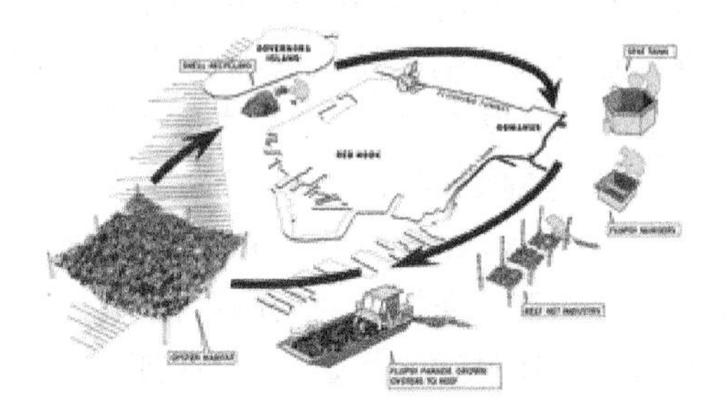

Bay ridge flats wave attenuation reef

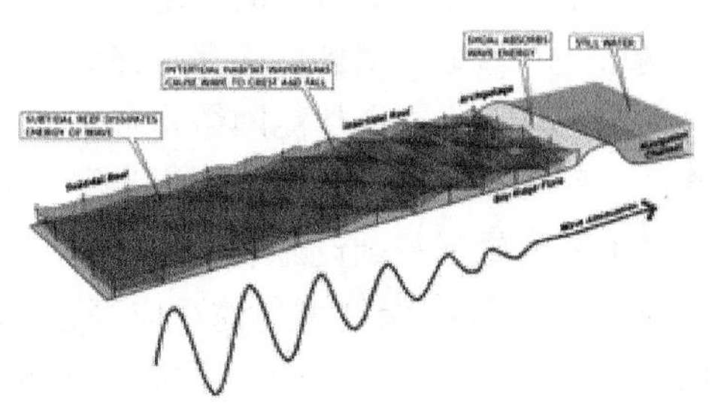

图 5-10　牡蛎礁石公园

资料来源：www. scapestudio. com

3)构建具有生态稳定性的景观基础设施

如上所述，自然系统具有一定的风暴潮适应能力，这是自然系统在数亿万年的进化过程中达到的应对外界冲击的弹性。因此在人工景观基础设施的建设中应当从自然中汲取经验和灵感，形成具有生态稳定性的景观基础设施。根据弹性城市的生态弹性理论，生态系统的弹性与系统的多样性密切相关，而自然群落中往往也是越复杂多样的群落具有更大的稳定性和弹性。景观基础设施的建设过程中应当避免现代基础设施中生境单一、只注重经济效益而忽视生态功能的现象，结合城市的特征和需求建立模拟自然的多层复合的植被群落，增加群落的多样性和复杂性，激活景观基础设施的生态适应性功能。例如在纽约清泉公园的自然驳岸的建设中，公园学习自然环境中潮间带盐沼、高潮和低潮沼泽的构成模式，建立复合多元的多种植被相联系的群落（图 5-11），使其在风暴潮中不仅能够保护驳岸，同时起到保护周边场地和社区的作用。

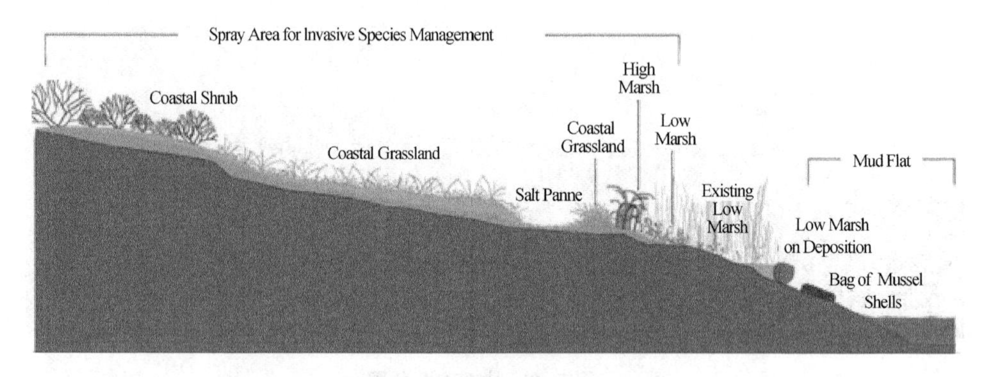

图 5-11　清泉公园的生态驳岸

资料来源：Fresh perspectives，Freshkills Park Newsletter-Winter/Spring 2013

5.1.2.2　构建内部相联系的景观基础设施

除了与自然构成联系的网络，各景观基础设施间也要形成相联系的网络。这个网络并不像绿色基础设施那样强调通过廊道进行实体空间的联系，而更强调一种功能的联系。这个功能网络是各个景观基础设施的集合，它们之间通过功能的叠加从而实现特定的弹性需求。为了达到这一点，也需要达到：(1)功能的多样性，通过不同的景观基础设施满足风暴潮防御的不同要求，如波浪的缓冲，洪水的导流、吸收、储存，以及盐碱化的适应等，从而使整个功能链条没有缺失的零件，保证畅通运行。(2)适度冗余度。如弹性城市所示，只有通过适度冗余，才能保证其中一个环节失效后有其他环节可以替换，保证功能链的畅通。例如在风暴潮适应性的景观基础设施中可以设置尽量多的雨水花园，以防止其中几个失效。

例如 Dland Studio 和 Architecture Research Office 为纽约曼哈顿下城区设计了一个名为“城市新基地”的风暴潮适应性景观项目（图 5-12）。场地紧邻哈德逊东河河口，是纽约高度开发的商业区，但是由于气候变化将面临更加严峻的风暴潮灾害。项目希望改变曼哈顿现有的硬质岸线以及城市与海岸的刚性对立，通过景观的手段达到两者的融合并增加应对风暴潮的弹性。项目可以分为绿色街道和柔性海陆边界。街道分为三级：一级街道主要用于雨洪的吸收和下渗；二级街道将过量的雨水引导到水岸边界的湿地；三级街道起到风暴潮抵御作用。柔性边界包括具有生产功能的公园以及淡水、咸水湿地。整个设计内部元素间紧密联系，三级街道相互关联，起到互补的雨洪管理和风暴潮抵御功能。柔性边界同时又连接绿色街道，并作为城市与海洋间的一个缓冲地带(图 5-13)。项目不但提高了曼哈顿下城区的风暴潮适应性，也提供了一系列活化城市生活的公共空间。

图 5-12 城市新基地

资料来源：www. dlandstudio. com

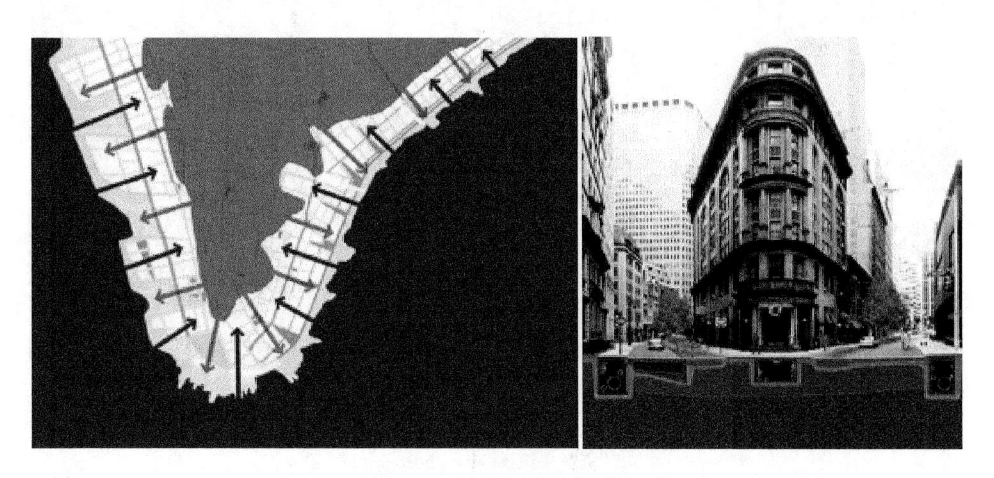

图 5-13 城市新基地绿色街道

资料来源：www. dlandstudio. com

5.1.2.3 构建区域相统筹的景观基础设施

景观基础设施具有网络联系性，并能跨越不同尺度。它不仅在场地上与自然紧密联系，在街区范围内与其他设施相辅相成，而且在区域上应该具有统筹观，做到与区域的发展战略相协调，从大局出发指导风暴潮适应性景观基础设施的建设。

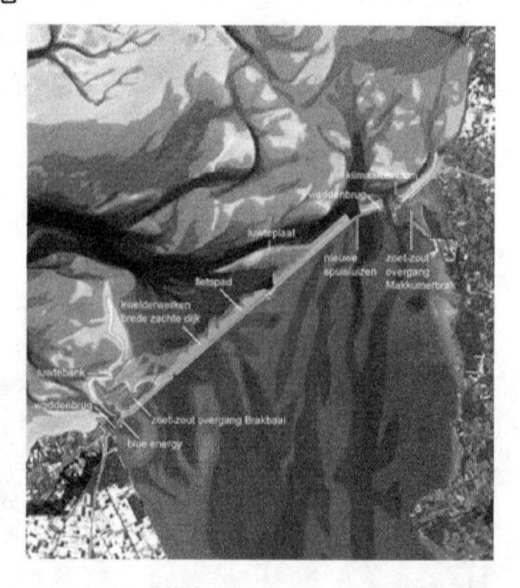

图 5-14　瓦尔登工程平面图

资料来源：english. hosper. nl

荷兰瓦尔登工程（图 5-14、图 5-15、图 5-16）是区域尺度的风暴潮适应性景观基础设施，在如此大的尺度上将海滨自身纳入安全概念范围的海岸工程是史无前例的①。从 20 世纪六七十年代开始，荷兰的一些早期水利工程对大范围的生态系统产生了负面影响，人们开始意识到这个问题并试图寻找一种更加与自然和谐的方式保护这个低地国家。例如，人们开始将封闭的东斯尔德大坝改建成开放式的潮汐大坝，以减少其对周边海域物质

图 5-15　瓦尔登工程鸟瞰图

资料来源：english. hosper. nl

① DHV 集团，荷兰海洋资源和生态系统研究院，HOSPER 景观设计事务所. 与大海共生长的安全海水屏障：荷兰瓦尔登工程[J]. 景观设计学，2013(3)：102-107.

交换的影响，而瓦尔登工程则是对阿夫鲁戴克大堤的改建。随着海平面上升和日益严峻的风暴潮灾害，堤坝的原有高度已经不能满足需求。但是项目为了整个瓦尔登地域的生态系统以及区域景观的连续性，并没有对这 32 km 的大坝进行加高和加宽，而是通过将盐沼湿地与大坝结合的方式来形成一个自然与人工相融合的防御体系。靠近海水的一侧成为自然保护区，为整个流域的动植物提供栖息地；而靠近堤坝一侧则为城市居民提供游憩和观光的开放空间，并成为瓦尔登区域休闲路线的重要部分。

图 5-16 瓦尔登工程效果图

资料来源：english. hosper. nl

5.1.3 景观基础设施维度

5.1.3.1 景观作为催化剂推动城市发展

图 5-17 从上西区俯瞰中央公园

资料来源：www. google. com

景观基础设施不仅是风暴潮灾害中的城市适应性策略，也具有改善城市环境、协调交通、组织空间的功能，因此能给周边社区带来活力的提升和土地的增值。景观基础设施可以协调城市各个系统，成为推动城市发展的催化剂。例如纽约中央公园（图 5-17）就是经典案例，公园建成后对周边的房地产价值产生了成倍的影响，而公园作为城市最大的绿洲成为人们休闲活动的聚集地，中央公园对于纽约的影响和意义是巨大的。

而在风暴潮适应性的景观基础设施建设中，为了使景观基础设施更好地发挥催化剂的作用，可以从以下几个方面入手：(1) 尽量减少风暴潮防御设施对环境的影响。(2)充分发挥景观基础设施的生态功能，起到改善周边环境的作用。(3)突出景观基础设施的多功能性，满足居民日常多种生活需求。(4)设计具有特色的景观，最好结合当地文脉，形成地标。(5)组织良好的交通，同时满足行人和车辆的不同需求。

笔者的城市设计项目"Canal-yst"(图 5-18)，项目名称即来源于景观作为催化剂(catalyst)。项目位于纽约 Rockaway 半岛，这里由于紧邻海岸，地势低洼，在 2012 年 Sandy 中遭到了严重的风暴潮破坏。通过高程分析，笔者发现半岛与皇后区交接处地势较低，在 Sandy 中该区域受淹情况也比较严重。然而对比历史上 Rocka-

图 5-18 Canal-yst

资料来源：作者自绘

way半岛的地形，发现此处原来是一个天然海峡，近年来由于泥沙淤积而消失。另外一方面，通过人口密度、交通和热点分析，发现这个地方是活动的聚集点，且周边居民缺乏一个活动和商业中心。因此笔者大胆提出在此处恢复历史上的水域，建造一条人工的运河。运河主要有两个作用：第一，运河占据区域地势最低点，风暴潮来临时可以作为泄洪渠道，减少了周边地区受灾的风险。第二，运河可以带动两边的服务业、商业，并结合公园等开放空间成为区域内集购物、餐饮、休闲、娱乐于一体的活动中心，从而激活区域活力，推动周边房地产开发，整体推进区域发展。

5.1.3.2　一体化的多学科合作模式

传统的风暴潮适应性设施往往都是“发现问题—解决问题—发现新问题—解决新问题”的工作模式。例如，沿海地势较低的地区遭受过一次或几次风暴潮灾害后开始修建海堤，从而使风暴潮得到了控制，却发现海堤导致了海岸侵蚀的加剧，于是开始修建丁坝和顺坝养护沙滩，但是又发现下游的侵蚀更加严重，造成生物多样性的破坏……如此反复。造成这个怪圈的原因是传统的设施对于风暴潮缺乏全面的认识，包括其对海岸、生态系统等的长期影响，而是希望通过单方面的工作来解决风暴潮问题，使得各专业间难以衔接，并引发矛盾，这不仅是对财力人力的浪费，也大大降低了城市风暴潮的适应能力且容易引发新的灾害。

弹性城市强调利用工程、生态、经济、社会等不同领域共同的弹性理念来为跨学科合作创造平台，而景观基础设施也因其功能复合性和网络联系性与城市的方方面面密切相关。在城市风暴潮的适应策略中，关系到海洋动力学、气象学、城市规划学、生态学、经济学等多个学科的知识，并涉及灾害监测人员、政策制定者、设计者、开发商、居民等多个不同群体。因此构建风暴潮适应性的弹性景观基础设施需要将生态、经济、社会等各个层面纳入综合考虑，协调各学科间的矛盾，形成不可替代的互补合作关系，推动城市弹性建设。

在推进一体化的多学科合作模式时可以从以下几方面入手。(1)制定统一的指导性原则。在项目实施之前，可以召集各个学科的团队从自身学科的角度提出主要思想和理念，并通过讨论协调达成一致的指导性原则，作为后期实施过程中的依据。(2)发挥不同学科的优势。任何一个学科都不可能单独完成城市风暴潮的适应性建设，每一个学科都有其独到的思考角度和专业知识，所以应当结合学科特点在团队中担任合适的角色，从而发挥不同学科的优势。(3)促进各学科团队间的紧密合作。多学科合作应当贯穿始终，在工作中应当增加不同学科团队间的交流，及时交换意见，减少因为沟通不足造成的衔接不畅。

2006年美国西雅图北部滨海区滨水空间的再生发展规划中，由于场地面临复杂的环境污染、海岸侵蚀、交通问题、空间使用问题，政府组织了由风景园林师、建筑师、城市规划师、生态学家和工程师等组成的300人团队，他们从自身学科出发提出不同的规划想法(图 5-19),最后通过多次会议并结合各个方案的优点达成了一致的规划方案①。

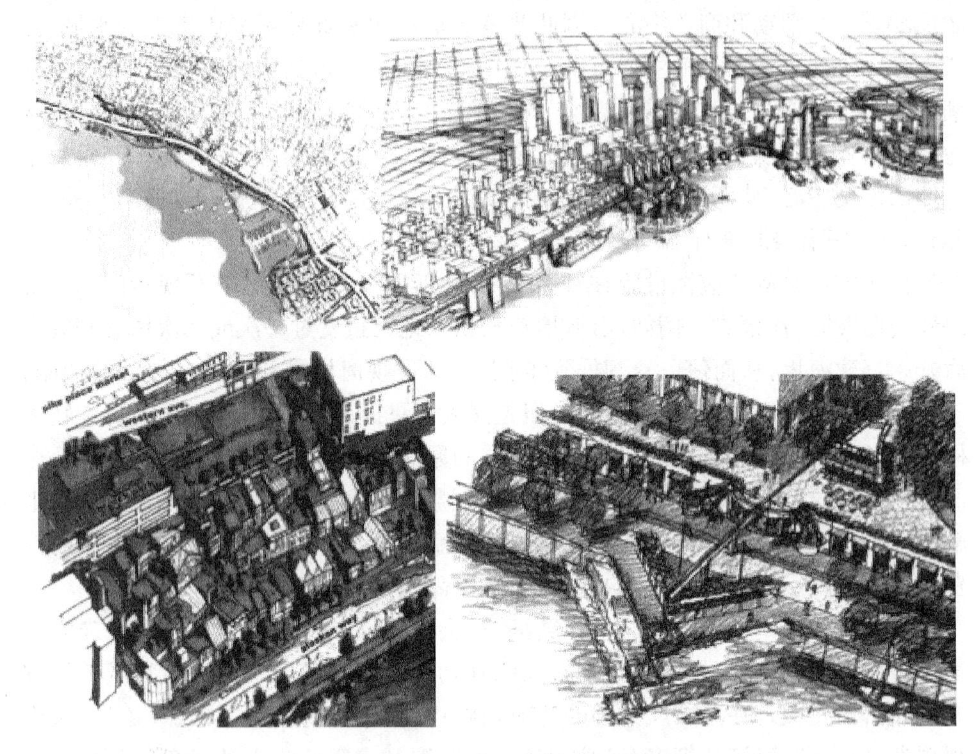

图 5-19 西雅图滨水区各组方案

资料来源:《中外建筑》2005 年 04 期

5.2 基于风暴潮适应功能性的景观基础设施策略

在对风暴潮灾害进行了解和研究的基础上,景观基础设施需要根据其对城市产生破坏的不同方面采取相应的措施。下文主要从适应风暴潮冲击、风暴潮洪涝和风暴潮盐碱三个方面进行适应性景观基础设施的策略探讨。

5.2.1 风暴潮冲击适应性策略

风暴潮的冲击破坏是对城市影响最直接最严重的破坏。根据形式和材料的不

① 陈煊. 公众参与在现代景观中的实践:以西雅图滨水地区景观设计为例[J]. 中外建筑,2005(4):78-81.

同,适应性景观基础设施有不同的单体形式来适应不同的环境。构建风暴潮适应性的弹性城市同时需要灰色基础设施和景观基础设施,需强调如何充分发挥两者的优点,将两者有机结合,形成城市有力的防线。

5.2.1.1　单体景观基础设施

1) 沙丘

沙丘是许多海滩自然形成的保护带(图 5-20)。在自然沙丘的基础上,人们发展成了双重沙丘系统,即第一层为牺牲性沙丘,第二层为保护性沙丘。当风暴潮来袭时,第一层沙丘起到了主要的抵挡作用,其间会造成大量的沙体流失,但是能吸收大部分的海浪能量,起到大幅减缓海浪冲击的作用。在第一层沙丘的保护下,第二层沙丘进一步吸收海浪能量,伴随较少的沙体流失,最终将风暴潮阻挡于第二层沙丘之外,起到保护周边社区的作用。同时,为了增强沙丘的防御作用,可以结合植被的种植,通过沙滩草以及其他灌木、乔木的种植来固定沙丘,增加其稳定性。为了沙丘的长期有效,还需要人工适时地进行沙体补充,减缓自然风化和侵蚀作用造成的沙体流失。沙丘不仅能够起到风暴潮防御作用,而且具有较高的旅游观赏价值,在风暴潮适应性的景观基础设施建设中可以结合这一特点形成独特的海岸景观。沙丘适宜在有较多砂砾和交通方便的地方建设,因为沙丘需要不时补给,在海岸侵蚀严重的地方则不适宜。

图 5-20　沙丘

资料来源:作者自绘

2) 人工湿地

虽然湿地对于风暴潮的防御作用尚缺乏深入的量化研究,但现实中的大量案例表明湿地确实有减弱风暴潮冲击力的作用。同时湿地还具有多种生态功能,包括水体净化,为动植物提供生态环境以及滞淤、防止海岸侵蚀等,还能提供观鸟、垂钓、游憩等社会服务功能(图 5-21)。湿地因为其承受风暴潮的能力

图 5-21　湿地

资料来源:作者自绘

有限，适合建造在海浪冲击不太剧烈的场地，但是如果与其他工程设施（如海堤）结合，也能有较强的防冲击作用。同时，湿地适宜建造在河流冲积扇以及泥沙淤积的三角洲地带，并需要一定和缓的坡度。人工湿地的建设需要平整场地以及适当的填方来创造合适的水深，湿地边缘的坡度也对其防护作用有一定影响。与传统抵御风暴潮的灰色基础设施相比，湿地的建造成本要小很多。并且除了平时的少量维护，湿地在风暴潮后不需要人工进行修复。

3）滞留池

滞留池主要指通过堤、沙丘、土丘等围起来的水域，能够起到滞留潮水以及增加过水面的粗糙度来减弱风暴潮的冲击作用（图 5-22）。类似滞留池的设施其实在东、西方一直有应用。例如中国古代沿海一带发明的涂田，就是通过构筑堤坝来滞留海水，可用于海盐生产并起到一定防洪作用。荷兰也有类似创造，称之为圩田。圩田利用土坝围合水体，促进泥沙沉积，用于农业。近期荷兰提出了使圩田接受周期性洪水淹没的策略，起到泄洪和缓解洪水冲击的作用。现代风暴潮适应性景观基础设施的研究也提出重新利用这种古老的策略。通过与其他景观手段相结合，滞留池还能作为农田、养殖场地，也能进行划船、游览等休闲活动。滞留池一般需要较大的场地来实行，并需要多个联系成片，因此比较适合开阔的低地。对于人口密集、高度开发的场地，则因为搬迁费用过高而不适合。另外，因其一般占地较大，对于生态环境的影响尚不清晰。

图 5-22　滞留池

资料来源：作者自绘

4）人造礁岛

人造礁岛是指由石材、混凝土或其他材料人为构建的用于减弱海浪冲击并为海洋生物提供栖息环境的人造岛屿（图 5-23）。人造礁岛通常被用于改善海岸生物栖息环境，为其提供生活场所，最近开始被研究作为“离岸的生态防波堤”来减缓风暴潮冲击。它多孔隙的

图 5-23　人造礁岛

资料来源：作者自绘

粗糙界面，可以有效吸收海浪的冲击力，而生长在其上的动植物也能起到滞淤和防浪的作用。人造礁岛的建造材料多种多样，可以是石材、淤泥、橡胶、玻璃、贝壳和异形混凝土等，也可以利用建筑垃圾和其他回收材料。礁岛稳固后，海洋动植物(如牡蛎、蚌类、藤壶等)就开始占领各个孔隙，使其成为一个“生态防波堤”。人造礁岛对于风暴潮的抵御能力较强，适用地区较广，在水深较浅的海域最为适合。人造礁岛可以突出水面，也可以沉入水下，因此对环境的视觉影响较小。另外，由于其材料的多样性，具有较大的灵活度，可以根据预算和环境条件进行选择。同时，人造礁岛通过提供生境，可以重塑多样化的生态系统，并且提供相关游憩和教育等服务。

5) 浮岛

浮岛是一种有植被覆盖的漂浮结构，可以起到减缓波浪冲击、净化水质以及为动植物提供生境的作用(图 5-24)。海洋动力学研究发现，波浪的冲击作用主要发生在海水上层。人们在此原理启发下发明了漂浮的防波堤，浮岛则在漂浮的防波堤基础上通过植被来增加生态功能。浮岛一般由固定在海底的浮力材料提供基底，并在上面安装多孔材料作为植物的固定物，并允许植物根系透过固定物生长在海水里。浮岛因为其不固定性，因此不适宜在波浪较大的海域设置。浮岛由于结构简单、安装方便，造价也比较低。但是目前浮岛的应用尚处于未经测试阶段，其风暴潮的承受力和对环境的影响尚不清晰。

图 5-24　浮岛

资料来源:作者自绘

6) 抛石驳岸

抛石驳岸虽然由传统灰色基础设施的常用材料——碎石构成，但由于其突出的防御能力以及生态特性，被认为是一种优质的景观基础设施(图 5-25)。首先，抛石驳岸与传统的垂直驳岸相比，碎石间的缝隙能够允许海水通过，从而受到的直接冲击力小，多层的碎石以几何级数的增长方式很好地吸

图 5-25　抛石驳岸

资料来源:作者自绘

收冲击力，因此抛石驳岸也不易毁坏，更加稳固。其次，抛石驳岸间的缝隙能够为动植物的栖息和生长提供场所，形成与自然共融的小型生态系统。动植物不仅能够起到减缓海浪冲击的作用，同时也能促进泥沙沉积，使抛石驳岸更加稳固。抛石驳岸适宜建造在原来已有硬质驳岸的场地，并需要一个较为稳固的地基，而不适合在自然海岸进行建设，因为那样反而会造成潮间带的破坏。抛石驳岸因为具有良好的亲水性，也适宜在水岸公园和码头建造，造价较低。

表 5-1　单体景观基础设施

单体	作用	优点	抗冲击能力	适用地区	造价	其他考虑
沙丘	减缓海浪冲击	增加沙滩面积，形成海岸景观；对环境影响小；可以消化疏浚的泥沙	强	现存地势较低的沙滩；交通方便；不适宜海岸侵蚀严重地区	$150, 000/英亩	对于疏浚产生的泥沙要检查其是否被污染
湿地	减缓海浪冲击；减缓海岸侵蚀；促进泄洪	创造潮间带生境；净化水质；提供钓鱼、观鸟等游憩活动；拦截风暴潮中的漂浮物	弱，只适用于较小的风暴潮和日常海浪冲击	有防护的水湾以及河流入海口三角洲；坡度较缓的海滩；海浪冲击不强地区	$700,000～$1,000,000/英亩	抗冲击能力有待研究；会影响其他工程措施的建设
滞留池	滞留洪水、引导海浪	平时可用于休闲娱乐	较弱	有防护的水湾以及水岸公园	未知	尚缺乏深入研究，可能对海岸生态系统产生影响；影响海岸的可达性
人造礁岛	减缓海浪冲击；减缓海岸侵蚀	视觉影响小；材料多样，适应性广；创造生境；提供游憩与教育等社会功能	较强	在浅水域最有效，也适用于有较大海浪的区域	根据材料而不同	尚缺乏深入研究，对海岸海水动态可能存在影响

(续表)

单体	作用	优点	抗冲击能力	适用地区	造价	其他考虑
浮岛	减缓海浪冲击;减缓海岸侵蚀	造价低,安装简便;也可创造生境,净化水体	弱,只适用于较小的风暴潮和日常海浪冲击	有防护的水湾以及海浪冲击不强地区	$80/平方英尺	尚缺乏深入研究,其造成的阴影可能对海洋生物产生影响
抛石驳岸	岸线稳固;减缓海岸侵蚀	造价低、少维护;对周边泥沙沉积影响小;具有水岸可达性	较强	原来已有硬质驳岸的场地;有较为稳固的地基;不适合在自然海岸进行建设	$2,000～$5,000/英尺	坡度与石材大小需要根据场地分别研究

作者根据资料整理,造价数据来源:NYC Urban Waterfront Adaptive Strategies

5.2.1.2 灰色基础设施的景观化

本书在第3章中介绍了现代常用的灰色基础设施,如海堤、护岸、防波堤、顺坝、丁坝、防洪闸等。虽然它们具有一定的缺点,例如对生态环境造成破坏、建造维护费用高、对城市肌理造成割裂等,但不可否认,这些灰色基础设施也具有多种优点,并在风暴潮防御上具有不可取缔性。首先,灰色基础设施对于高强度的风暴潮的防御能力较好。许多景观基础设施如湿地、浮岛、滞留池等,在面临较强的海浪冲击时显得效果不佳。如研究表明,美国新奥尔良地区1 m高的湿地能减缓30 cm高的风暴潮,但是当风暴潮高于6 m时,湿地能发挥的作用十分有限[①]。其次,基于数千年的风暴潮防御史,城市的海岸线基本被灰色基础设施占据,如果完全转换为景观基础设施将会耗费大量的人力物力,也会对城市布局和生活产生重大影响。再次,景观基础设施也存在一定内在缺陷。如互花米草等一些风暴潮防御效果好的动植物材料容易造成物种入侵,破坏当地的生态系统,威胁当地生态平衡。另外一些沿海地区污染严重,并不适合动植物的生长。

因此,风暴潮适应性景观基础设施是两者的有机融合,对于已经建成的不容易重建的灰色基础设施主要采取通过景观手段进行改造的手法,增加其生态功能和社会功能。而对于未进行建设的项目,则需要在设计规划阶段就将两者的融合协作考虑在内。例如,对于海堤的改建,可以结合抛石驳岸和湿地等景观设施增加其

① Hill K, Barnett J. Design for rising sea levels[J]. Harvard Design Magazine,2007(27):1-7.

防御风暴潮的能力，同时丰富生境，为动植物提供栖息的场地。海堤上方也可以结合道路、场地、观景台等增加其交通、游憩的社会功能(图 5-26)。

图 5-26 灰色基础设施景观化

资料来源：作者自绘

5.2.1.3 复合景观基础设施

复合景观基础设施是指利用各景观单体以及灰色基础设施的优点，形成发挥最大风暴潮适应性的有机整体。综合如上分析，各个景观基础设施单体与灰色基础设施都有各自的优缺点，它们适合应用的场地和条件也不同。而在实际中，城市面临的风暴潮问题也多种多样，城市环境更是千差万别，因此不可能通过单一途径来解决风暴潮的问题，真正能够发挥作用的必须是多种途径的综合体，即复合的景观基础设施。

图 5-27 BIG-U 鸟瞰图

资料来源：www. big. dk

例如，丹麦建筑及景观设计事务所 BIG 在曼哈顿地区适应性滨水区的设计

BIG-U 中就体现了复合的景观基础设施的概念(图 5-27)。方案总体为一个 U 形的围绕曼哈顿下城区的保护系统,从西 57 街到东 42 街,绵延 16 km。保护带不仅能够在风暴潮中保护曼哈顿街区,也能改善社区环境,增加城市活力,将人类活动与海岸进行更加紧密的联系。

BIG-U 根据跨越各个街区的不同特点和要求分段设置了不同的单元,各个单元可以独立建造,形成各自的风暴潮防御体系,最后也可以形成一个完整的"U"形。单元的设置增加了方案的灵活性,更加适应城市未来的弹性需求,同时也增加了方案的可操作性。

护堤是贯穿方案的主要风暴潮适应手段,但是方案并不采用传统的功能单一的护堤形式,而是将护堤与不同景观设施相穿插(图 5-28)。护堤本身被拓宽形成一个廊道,其上结合观景亭、休息座椅、活动平台以及自行车道等。护堤的两边也种植丰富的耐盐碱的植物,形成城市的绿道。

图 5-28　护堤与景观结合

资料来源:www. big. dk

受风暴潮威胁最大的东南部曾经受到 Sandy 入侵,造成曼哈顿下城的瘫痪。因此这里的交通被重新规划,道路改成高架以免被洪水破坏,高架桥下安装挡板,可在风暴潮发生时放下,形成一道坚固的屏障(图 5-29)。另外,为了缓和高架与周边社区的矛盾,方案也通过一系列的花园、城市农业等项目进行衔接,并在海岸的端口设置海洋博物馆,使人们可以看到海面的变化,提醒人们增加对海平面上升的关注(图 5-30)。

而在曼哈顿大桥和蒙哥马利街之间,也利用了可以活动的挡板,来构成应激性的大坝。风暴潮发生时翻下,平时则被翻起,由当地艺术家装饰成富有趣味的天花板。这个场地结合活动设施,成为社区集会的场所,活化社区生活。

BIG-U 灵活地将灰色基础设施和景观基础设施相结合,并将一个灾害防御性的设施变成了增加城市活力、融合城市生活的公共空间,是复合景观基础设施的灵活应用。

图 5-29　活动挡板

资料来源：www. big. dk

图 5-30　海洋博物馆和开放空间

资料来源：www. big. dk

5.2.2　风暴潮洪涝适应性策略

风暴潮发生时除了强大的冲击力对沿海房屋、农田产生直接破坏，也会造成巨大的洪涝灾害。如第 3 章分析，风暴潮造成的洪涝灾害主要由三方面造成。一方面，风暴潮最大增水常常能够达到数米，可直接淹没村镇农田，在短时间内造成大面积的洪涝灾害；另一方面，在河口地区河水入海遭到风暴潮顶托将造成河道泛滥，淹没周边地区；再者，热带气旋或温带气旋过境，也伴随强风和强降雨，使洪涝灾害进一步加大。因此在风暴潮适应性的景观基础设施建设中，应当将三种情况都考虑在内，并采取对应的适应性措施。

另外，根据弹性城市的理论，外界干扰(如风暴潮)也是城市动态平衡的一个过程，城市作为自然的一部分应当以更加主动开放的态度对待自然界发生的干扰。因此，在景观基础设施的适应性策略中也应当延续弹性城市的这一理念，通过更加弹性的方式来达到适应。在第 4 章中提到，景观基础设施应当充分发挥其自然联系性的特点，既在城市中发挥基础设施的功能，又在自然中有机纳入物质和能量循环，从而将城市与自然进行融合，达到共同的弹性动态平衡。风暴潮作为自然系统水和能量循环的一个组成部分,可以通过景观基础设施来将其与城市本身的水循环和能量循环进行连接,起到吸收风暴潮干扰的作用,达到城市与风暴潮的适应性融合。

因此在实践中,除了直接受风暴潮冲击作用影响的沿海地带需采用必要的直接性防护手段以外,更多的是希望通过更加和缓的、与自然互动的方式来消解风暴潮的洪涝破坏。在对风暴潮引起的洪涝灾害分析基础上,结合弹性城市的相关理念,下文将景观基础设施洪涝适应性策略分为退让性适应策略、疏导性适应策略和顺应性适应策略三个方面。

5.2.2.1 退让性适应策略

在规划层面,退让是一种回避风险且避免造成灾难性破坏后果的城市发展策略①,主要指将受到灾害威胁的人员、住房和基础设施等转移到更加安全的区域。而对于景观基础设施,在这里更加强调对于自然过度开发的回避以及自然过程的引入。沿海一带以及滨河一带有良好的交通和丰富的物产,一直是人们开发建设的集中地带。于是围海造田、围海造地、河道硬化等人类活动不断拓展城市领域而压缩自然领域,这也是造成目前风暴潮愈发频繁和剧烈的一个原因。因此,要重新达到城市与自然间的平衡,需要从过度开发转变为向自然退让。在洪涝适应性的景观基础设施建设中,应当在过度开发、对自然水循环产生不良影响的地区,将自然海岸线向内陆推移,允许潮水进入原本应该受到保护的区域,从而形成更多的潮间带,起到缓和风暴潮的作用。

退让性适应策略的优势在于,首先,减少了位于危险区的人员和财产,减少了发生灾害时受到的人员和财产损失。其次,对过度开发进行控制,可以减少城市对于自然环境的负面影响。当城市开发超过自然能够承受的限度,其污水、碳排放等将对自然环境产生不利的影响,从长远角度加剧自然灾害的发生。再次,通过自然元素和自然活动的引入能提高城市的风暴潮防御能力。海岸盐沼、湿地、红树林等都能起到减缓风暴潮的作用,能在城市和海洋之间形成一个缓冲保护地带。

但是,退让性适应策略适合在开发程度不高的地区采用,例如自然保护区和开放场地。而在高度发达的区域,由于需要重新安置居民和其他机构设施,将使这一策略实施的资金和时间投入增大。同时,城市的基础设施也很难重新迁移到较高的地基,增加了策略实施的难度。

荷兰被称为“低地之国”,占整个国家 20.4%的土地都是建立在围海造地的基

---

① 李玮玮.从景观规划设计的角度论城市防灾的策略[D].上海:同济大学,2006.

础之上[①]。在过去的两千多年里，城市面积和农业面积不断向海洋延伸，河流流域面积不断减小，自然潮间带不断被压缩。其结果是河流过水面积变小，洪涝灾害更加频发。加上气候变化造成的海平面上升和风暴潮灾害的加剧，荷兰正面临严峻的挑战。为应对这一问题，传统的做法是加高河堤和海堤，然而荷兰却采取了更加具有远见的“还河流以空间计划(Room for the River)”，该计划是由39个位于莱茵河、莱克河、马斯河和瓦尔河畔的项目组合而成。其中诺德瓦德圩田项目是采用退让策略的典型代表(图5-31)。诺德瓦德圩田项目提出了退圩还河，将圩田靠近河流一侧的防洪堤向内侧推移。低水位时，河水被控制在堤坝之内；而当风暴潮发生，水位增高时，河水可以漫过堤坝淹没圩田，形成可供洪水淹没的区域，从而将圩田变成了储存洪水、减缓风暴潮破坏的城市缓冲地带，提高了周边地区的安全系数。

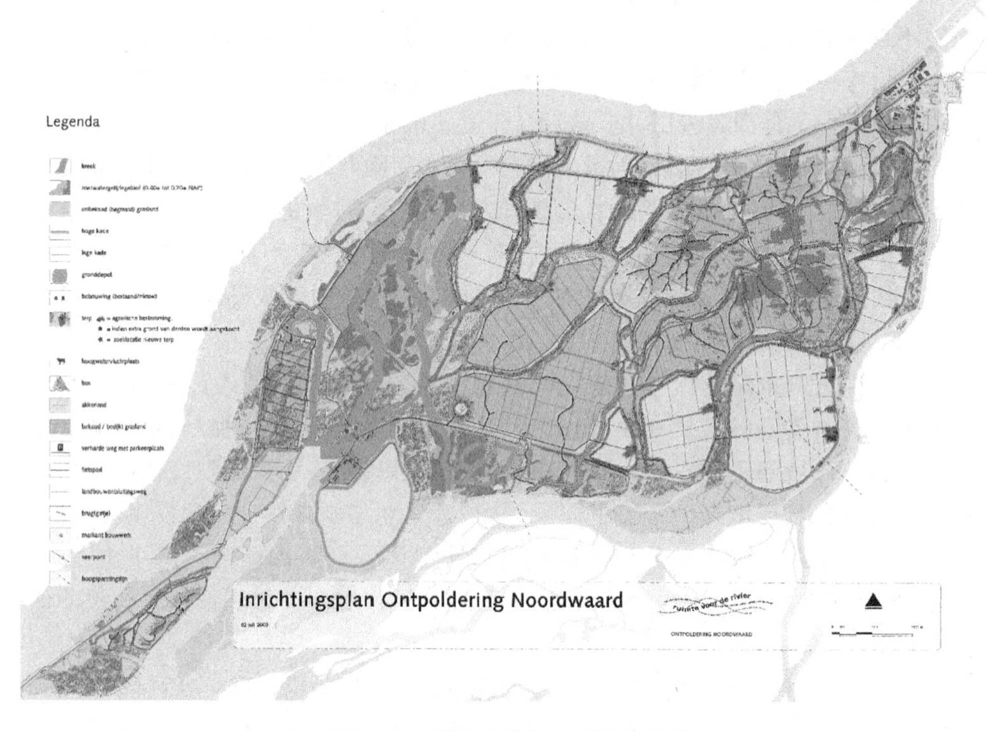

图5-31 诺德瓦德圩田项目平面图

资料来源：www.west8.nl

同时，诺德瓦德圩田项目通过一条景观路线的设计，展现了当地独具特色的洪泛区景观，赋予了整个地区新的活力与生机。例如，丰富多样的桥梁设计不仅能美

① Netherlands.[2015-03-21]http://en.wikipedia.org/wiki/Netherlands

化场地，也能连接各个坝体，形成连续的漫步休闲路线，而有些水泵塔楼则结合观景台可提供眺望整个圩田的场所。因此整个诺德瓦德圩田项目不仅满足了风暴潮洪涝适应的功能，还形成了一道独特的景观(图 5-32)。

图 5-32 诺德瓦德圩田项目水泵和桥梁

资料来源：www.west8.nl

5.2.2.2 疏导性适应策略

中国古代大禹面对洪水，就曾经提出过因势利导，不"堵"而"疏"的策略。这是古代人们在长期与洪水抗争中总结的经验，也是中国古代文明对于"天人合一"的诠释。弹性城市也强调了自然法原则，强调了人和城市作为自然的一部分应当顺应自然的规律，遵循自然界的物质和能量流动规律。而对比"挡"的治洪办法，疏导更加符合自然的一般规律。因为直接对风暴潮的阻挡需要承受较大的冲击力量，造成潮水的反弹，如果阻挡高度和力度不够反而会造成更大范围的洪涝灾害。而疏导则可以避免与风暴潮的正面冲突，通过引导将其控制在一定范围内。因此，在风暴潮洪涝适应性策略中，也应当改变以往一贯的"挡"的方式，重新引入自然的水体流动过程，通过疏通和引导来使风暴潮向合适的地方移动，避免人口密集和生态脆弱地段。

事实上，在自然过程中，潮水涨落形成的沟谷称为潮沟，潮沟形成后对潮水起到了疏导和引流的作用，也是物质和能量交换的通道。在景观基础设施的疏导性策略中可以利用自然的这一现象。例如 2008 年国际风景园林师联合会学生竞赛中的"绿毯逐波"项目(图 5-33)，项目位于渤海湾西侧，永定新河入海口的滩涂地带。设计者首先恢复河道，防止河床泥沙淤积，并恢复主潮沟，种植碱蓬等盐生植物，促进潮沟形成，同时依据盐田肌理设计水渠，与主潮沟联通。通过潮沟、盐田、河道的联通系统，可以给潮水提供上溯的通道和空间，防止其对周边农田和居民造成洪涝灾害。同时也创造了可以感

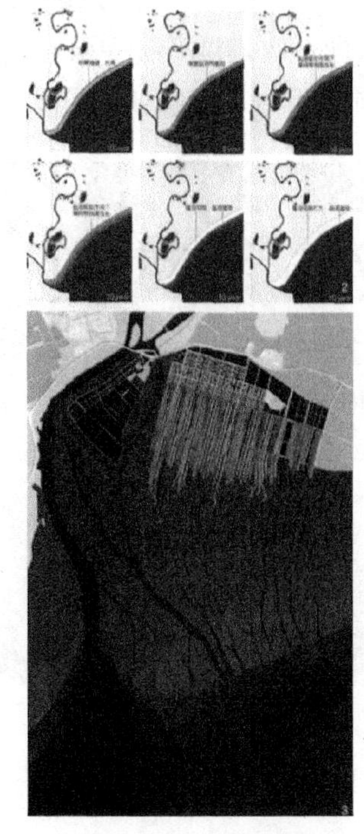

图 5-33 绿毯逐波

资料来源：《中国园林》，2008 年 10 期

受潮汐变化的城市景观，为公众提供亲水观潮的机会①。另外，项目利用海潮的搬运能力和盐沼植物的滞淤能力促进滩涂的生长，起到减弱风暴潮冲击力的作用。

除了利用自然环境中潮沟等地质地貌，还可以通过人工的方法开设渠道进行疏导。例如在2013年纽约弹性 Far Rockaway 设计竞赛中的获胜方案“小措施大收获”就设计了详细的风暴潮洪水疏导措施（图 5-35）。项目除了通过岛屿、沙丘和滞留池等景观措施缓解风暴潮冲击外，还规划了两条线性雨水公园带作为风暴潮发生时的疏导渠。疏导渠避开了住房密集的区域，将潮水向市政排洪系统中引导，从而避免了大量的人员财产损失（图 5-34、图 5-35）。同时，雨水公园平时还可以作为社区的开放空间，满足居民日常需求。

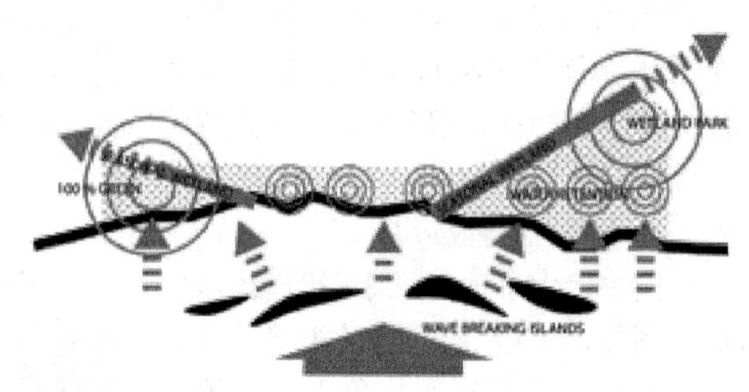

图 5-34　小措施大收获

资料来源：www. farroc. com/solutions

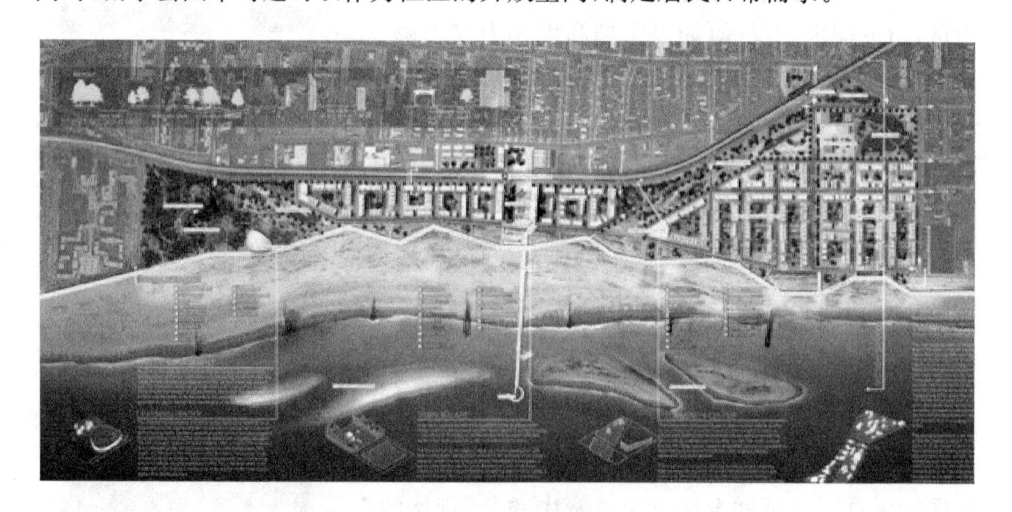

图 5-35　小措施大收获

资料来源：www. farroc. com/solutions

5.2.2.3　顺应性适应策略

随着城市化进程的加快，城市对于海岸空间的诉求和自然环境保护之间的矛

① 李晶竹，赵越. 绿毯逐波：顺应潮洪的海岸带地景城市[J]. 中国园林，2008，24(10)：27-30.

盾也日益加剧。在风暴潮适应方面,人们也需要一种更加协同发展的途径。顺应不是被动地接受风暴潮的破坏,而是主动地把风暴潮纳入场地条件,构建与风暴潮融合更加紧密的景观基础设施。

顺应性策略主要分为两个方面:(1)接受区域的部分可淹。这个思想在构建与自然相联系的景观基础设施章节(4.2.1)也有过讨论,利用了将自然引入城市的概念,把风暴潮当成场地条件的一部分。可淹没的区域一般为较为空旷的开放空间,并选用耐受性强的植物和工程材料。在平时可以作为城市开放空间使用,风暴潮发生时则撤离人员,将其作为可淹没的场地,这种方式利用了不同时段的场地特征,是一种空间资源密集利用的方式。(2)通过工程技术手段实现构筑物的漂浮。如悬挑结构可以使海岸上的建筑、平台、码头等悬挑于水面之上,使其免于受潮水涨落的影响。而浮动结构可以使构筑物随着水面变化而涨落,这种结构灵活性大,可以与海底无接触,根据情况进行移动。目前建筑领域对漂浮结构的住宅和社区进行了相关的研究探讨。如NLE建筑事务所为尼日利亚拉各斯Makoko社区设计了一个"漂浮城市"项目(图5-36、图5-37),项目通过建筑物底部排列的浮桶来提供浮力,并在建筑上安装空气压缩装置来调整平衡,同时安装地震预测装置和雨水收集、太阳能面板等设备,最终整个社区连成整体,兼具绿色空间和配套服务设施。荷兰Koen Olthuis公司也提出了漂浮住宅的设计,住宅为可以随意组合的单元,而且能在空间上随意移动,建筑通过一个较大的由混凝土、钢筋和塑料构成的底座来实现漂浮。

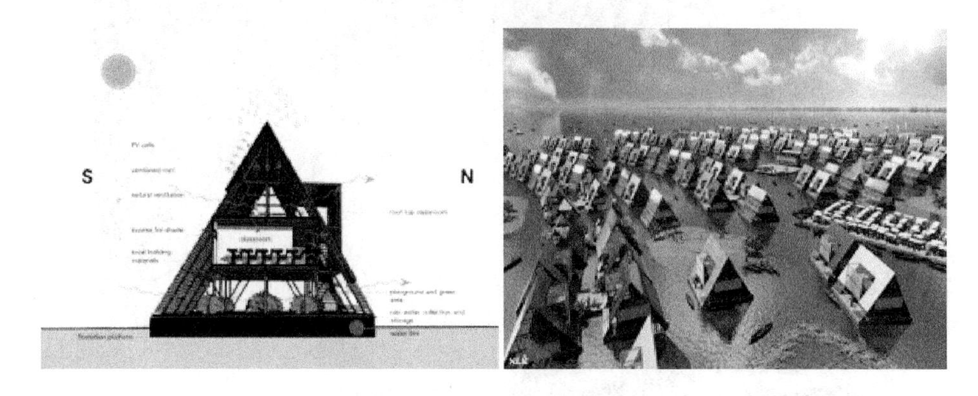

图5-36　Makoko漂浮社区

资料来源:www.design-fh.org

在景观方面,2012年国际风景园林师联合会学生竞赛的"漂浮的城镇,漂浮的模块"项目就采用了漂浮和悬挑的顺应性策略(图5-38)。项目位于香港的一个历史性的渔村大澳,这里因其独特的疍屋(通过支柱结构漂浮在海面上的传统木质建筑)而成为旅游特色景点,近年来由于风暴潮等海岸灾难的加剧使其面临巨大的考

图 5-37 Koen Olthuis 设计的漂浮社区

资料来源：waterstudio. nl

验。在项目中，设计者汲取疍屋这种当地特色建筑的形式，并将漂浮的理念运用于景观基础设施当中。通过增加的景观道路，不仅解决了当地交通的问题，而且在建筑外围增加了一层防护屏障。漂浮的景观道路能够根据水面高度的不同来调整，避免了被潮水淹没和遭受冲击力的直接作用。另外，也为当地居民和游客提供一个与水更加亲近的途径。

图 5-38 漂浮的城镇，漂浮的模块

资料来源：作者自绘

顺应性策略适宜在城市空间资源紧缺的地区运用，但是对于技术的要求高，资金投入大，且目前关于风暴潮对其的影响及其承受能力的研究还不够成熟，在实际运用中有一定风险性。顺应性策略的好处在于能够有效缓解城市发展的压力，且对海岸产生的影响比围海造地小。

5.2.2.4 雨洪适应性策略

风暴潮发生时往往伴随热带气旋或温带气旋等过境时的强降雨，短时间内的强降雨会给城市排水系统增加巨大的负担。如果排洪不及时，可能造成洪涝灾害，同时合流污水和地表径流会造成环境水体污染，加重风暴潮的不良影响，因此城市应当在做好日常雨洪管理的基础上加强排涝景观基础设施建设。另外，风暴潮发生时经常形成海水倒灌，引起地下盐水的回渗，影响城市日常用水，并对生态环境造成破坏。如果能在平时做好城市雨洪管理，通过雨水收集，增加地上和地下淡水储量，则能在风暴潮发生时减轻城市淡水资源压力，并通过下渗补充地下水，减轻土壤盐碱化程度。可见景观基础设施的雨洪适应性在风暴潮中也扮演着重要角色。

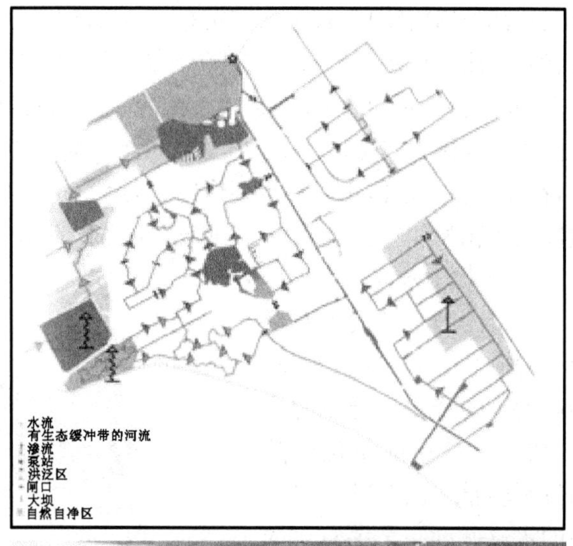

图 5-39 阿尔梅勒新城水系规划

资料来源：《国际城市规划》2014 年 01 期

1）增加水系统规划合理性

雨洪管理关系到整个城市的水循环，因此需要从城市甚至区域尺度进行水系统的合理规划。城市应当充分利用河流、湖泊、湿地、池塘等自然水体，起到吸纳、储存、过滤洪水的作用。另外，利用地形、地质等自然条件合理规划城市开发用地，促进快速排水。同时合理布局城市排污、排水的市政管网系统，尽量做到污水和雨水的分流，避免降雨量大时雨水与污水合流造成污水上涌。荷兰阿尔梅勒新城是雨洪管理方面的一个典型案例(图 5-39)。荷兰由于地势低洼又靠近海洋，是风暴潮与暴雨的多发地带，而阿尔梅勒新城又是围海造地形成的新城，但它却鲜有城市内涝的发生，这很大程度上得益于其合理的城市水系统布局。阿尔梅勒新城靠近荷兰首都阿姆斯特丹，城市水网密布。城市联通了自然的河流、湖泊以及人工的运河、沟渠，使城市水系统形成连续的界面，当暴雨或风暴潮发生时，地表的汇水区域众多，并能将洪水向海洋转移，大大减轻了雨洪对城市排水管网的压力。其中，人工修建的沟渠虽然宽度不大，但是数量众多，能在雨洪管理中起到毛细管网的作用，在连接各个水体中发挥重要作用。同时阿尔梅勒新城注重城市绿地的建设，硬质铺装面积相对较少，也减少了地表径流的产生，增加了雨水的下渗。

2) 增加雨水滞留性

城市内涝常常发生在暴雨时的一个主要原因是短时间内大量的降水不能及时排走，超过了城市的单位时间的排水容量。因此减缓暴雨中的水流速度是至关重要的一环。然而由于硬质界面多，洪水流动过程受到的阻力小，因此流速很快。再就是城市的开发减少了湖泊、湿地等自然水体滞留场所，也造成了水流的加快。在景观基础设施的建设中应当通过自然湖泊、湿地等的保护以及城市公园绿地、绿色街道、屋顶花园等的建设增加雨水滞留的节点。另外收集的雨水还可以循环利用作为景观灌溉用水，缓解城市淡水资源紧缺。例如基多的雨水收集公园(Quito Rain Water Harvesting Park)是一个

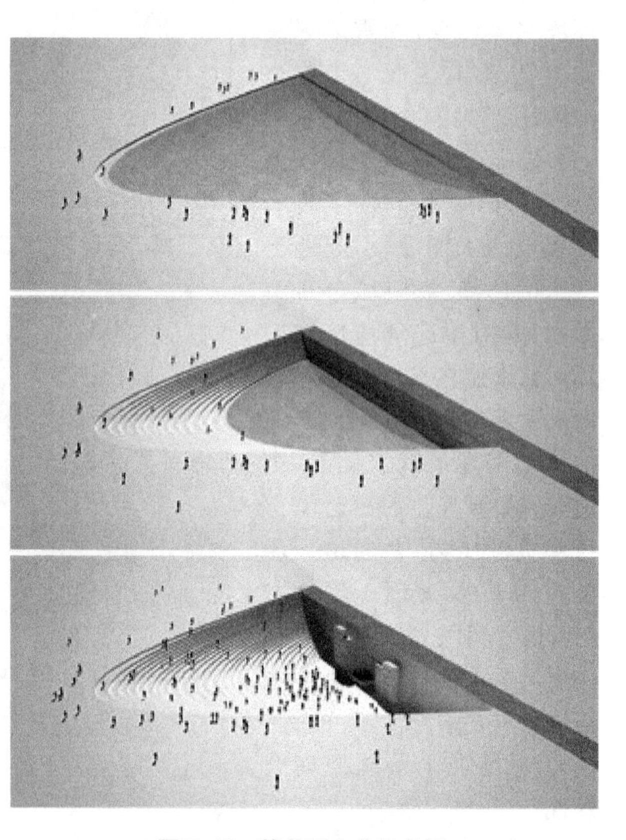

图 5-40　基多雨水收集公园

资料来源：www. paisajesemergentes. com

增加雨水滞留性的有趣案例(图 5-40)。设计方 Paisajes Emergentes 事务所在公园中设计了一个水池,并通过水槽将公园中的雨水收集到此,储存的雨水通过净化可以用于公园灌溉。同时水池还是一个露天剧场,并能根据池水收集的多少产生不同的舞台和观众席效果,可满足不同类型的展演需求。该公园不仅满足了城市雨洪管理的雨水滞留需求,同时也能作为游憩场所供居民使用。又如唐娜泉水广场(Tanner Springs Plaza,图 5-41),唐娜泉水广场位于波特兰普尔区的商业中心,这里原来是波特兰市著名的湿地和湖泊区域,后来随着城市开发渐渐消失。设计重新引入了场地的历史,在公园中创造了一块人工湿地,将公园草地上的溪流慢慢引入,并模仿自然中河流与湖泊交接地带的自然地貌。降雨时,公园能够收集周边建筑、广场的地表径流,将它们滞留在湿地当中,通过植物净化后慢慢渗透到地下,多余的雨水排入市政管网,分担了城市雨洪管理的压力。同时公园也成为附近居民喜爱的公共场所,增加了城市活力。

图 5-41 唐娜泉水广场

资料来源:landezine. com

3) 增加雨水渗透性

城市由于大面积的道路、建筑、广场表面都不具备雨水渗透性,因此造成地表径流增多,地下水补给不足。景观基础设施的雨洪适应性建设中应当增加城市雨水的下渗面,尽量将道路、广场等的铺装替换为透水铺装,同时增加绿地和其他自然表面的面积,促进雨水下渗。例如北京奥林匹克公园下沉花园北区就主要采用了增加雨水下渗的方式来截留地表径流(图 5-42),下沉广场内路面透水铺装约占总铺装的 80%以上[①]。

图 5-42 北京奥林匹克公园透水铺装

资料来源:blog. sina. com. cn

① 郑克白,范珑,张成,等. 北京奥林匹克公园中心区雨水排放系统设计[J]. 给水排水,2008,34(8):85-92.

并通过下渗、净化、再收集和回收利用减少公园的灌溉用水需求。

5.2.3 风暴潮盐碱适应性策略

土壤和水体盐碱化是风暴潮最常造成的次生灾害。海水倒灌直接提高了城市水体和土壤的盐度，而沿海地区由于本身土壤含盐量高、地下水位高、淤泥土质流通性差，在风暴潮发生时更易造成地下盐分的回渗。盐碱化会造成大量动植物的死亡，可能引起大范围的生态环境失衡。地表水和地下水的盐碱化将直接影响水质，对于城市居民的饮用水安全造成巨大威胁，故风暴潮适应中盐碱适应是非常重要的一个环节。

历史上，人类对于风暴潮造成的盐碱化问题一直也有探讨。在第3章中我们介绍了中国古代涂田和埭田的盐碱化适应方式，甚至早在公元前2200年大禹治水就是用改良的沟渠排灌网来进行盐碱地的洗盐工作。在国外，巴基斯坦、埃及、荷兰等国家在盐碱地适应中做了很多研究。如美国国家研究中心利用海水培育筛选耐盐的植物品种；巴基斯坦政府为了防治盐碱土地，展开了盐碱地调查和统一规划，控制地下水位并进行盐碱化的监测；埃及则主要通过排水、平地、种植耐盐植物、化学改良等传统方法；阿根廷人通过种植抗盐碱和耐贫瘠的植物——滨藜来改善土壤结构，增加土壤肥力；荷兰人则实施“暗管排碱”工程措施[①]。经过数千年的发展，人们不断发展风暴潮带来的盐碱化适应方法。根据盐碱适应的原理，可以分为两个方面：一是通过场地改造和材料的选择来提高盐碱化的耐受程度，二是通过技术手段降低土壤和水体的盐度。具体可以从以下几个方面入手。

5.2.3.1 物理适应性策略

物理适应性策略主要是对场地进行修整。首先是抬高地势，特别是对于重要设施所在场地，根据风暴潮洪泛资料使其高于洪泛区。其次是平整场地，使其具有一定的坡度，并增加排水沟，以促进盐水的及时排出。另外还有通过铺设粗砂、树皮等隔盐层以起到防止地下盐分回渗、保护植被生长的作用。

5.2.3.2 水利适应性策略

水利适应性策略主要包括排盐和洗盐两个方面。排盐主要是在地下铺设隔离层和渗透管，通过水盐运动规律把土壤中的盐分带走。这可以通过将水泥或塑料管埋于地下一定深度，并将砂砾和石砾铺设在底层加速排盐。这种措施造价高，需要提前进行规划，目前多用于大型的绿地中。洗盐主要通过增加灌溉量，降低土壤的盐度，从而使其减低至植物能够耐受的范围内。

---

① 陈崇贤.河口城市海岸灾害适应性风景园林设计研究[D].北京：北京林业大学，2014.

5.2.3.3 化学适应性策略

化学适应策略主要是通过往土壤和水体添加石膏、黑矾、磷石膏等化学物质，来置换环境中的碱性物质，达到改良土壤和水体的目的。这个方法效果明显，见效快，但是容易造成残留，对环境影响大，主要用于盐碱化严重的场地。另外，施加有机肥也是盐碱地改良的一个重要方法。有机肥能够为动植物提供必要的养分，同时改良土壤结构，增加土壤孔隙度，促进植物生长，也能通过腐化过程中产生的有机酸中和土壤的碱性。

5.2.3.4 生物适应性策略

生物适应性策略主要是通过耐盐碱植物的选择从而提高耐受性以及通过植物来吸收、固定盐分，从而降低土壤和水体的盐度。不同的场地盐度不同，应当选取与之相适应的植物材料。根据其耐盐程度这些植物可分为三类：(1)聚盐植物，这类植物能在盐分高的土壤中生长，能从土壤中吸收大量的盐分并将其积累在体内而不受伤害，如盐角草、滨藜。它们能够吸收土壤盐分从而降低土壤盐碱化程度。(2)泌盐植物，也叫排盐植物，这类植物能够将盐分通过茎、叶表面排出体外，如柽柳、胡颓子，它们对盐度也有很大的适应性，是风暴潮频发地区的良好植物选择。(3)不透盐植物，可以减少盐分吸收以防止对自身造成伤害，这类植物对于盐碱环境较敏感，只能生长在盐碱程度较轻的土壤中。另外，现代生物技术的发展促进了微生物在盐碱适应性中的应用。微生物通过为植物提供矿质营养，促进植物生长，增加其盐碱耐受能力，目前被证明具有盐碱土改良作用的微生物包括硫氧化细菌、放线菌、AM 真菌和光合细菌等①。

5.3 基于空间分布的景观基础设施策略

景观基础设施既包括自然的湿地、森林，也包括人工的公园、绿地；小到一块花园，大到区域的景观规划。在城市中，景观作为基础设施渗透在城市的各个方面，比如交通、游憩、水利、雨洪管理、废弃物管理、农业生产等。为了方便研究，这里将与风暴潮适应联系最密切的景观基础设施按空间分为如下几个部分。

5.3.1 水岸公园

水岸公园主要指紧邻城市开发区的海滨以及河滨地区，是城市极具活力的地带。作为陆地与水域的交界地，它经常是活跃的运输、商业、文化等活动的聚集地。同时，作为风暴潮灾害中城市的第一道防线，水岸公园对于保护城市、缓解灾害起

① 王善仙，刘宛，李培军，等. 盐碱土植物改良研究进展[J]. 中国农学通报，2011，27(24)：1-7.

着重要作用，它在构建弹性城市的战略中也具有不容忽视的潜力。

5.3.1.1 作为部分可淹的区域缓减波浪冲击

水岸公园所处环境往往开发程度比较高，人口比较密集，因而遭遇风暴潮产生的损失更大。而相比居住区和商业区，水岸公园被淹所遭受的损失要小得多，可以将公园的一部分或全部作为风暴潮时期的可淹没区域，达到泄洪的目的，同时可以通过湿地、地形等的景观手段增大公园抵御风暴潮冲击力的能力。另外，通过一系列耐淹抗灾措施，如选择耐盐碱的植物和耐久性的工程材料，可以提高水岸公园的抗淹能力和灾后恢复能力。

5.3.1.2 为风暴潮适应性设施提供空间

作为开放空间，水岸公园是城市中相对空旷的场地，特别是在高度发达、建设密集的大城市，这为风暴潮适应性景观基础设施的引入提供了可能。如果要将居住区或商业区内的建筑拆除来设置相关设施，则要耗费大量的人力物力。如果在社区周边建设结合湿地、抛石驳岸和河堤的生态岸线，需要较大的空间，而水岸公园可以通过较少的改造，达到风暴潮适应的目的。

5.3.1.3 融合风暴潮适应性设施与城市生活

水岸公园不仅作为城市与水体之间的空间过渡，也是功能的过渡。在社区紧邻水岸的情况下，堤坝等设施直接割裂了城市生活和水体。而在水岸公园中，适应性措施能通过设计手段融入公园的日常使用当中，使公园既作为风暴潮防御措施，同时也是城市亲水的活力地带，因此人们不用因为风暴潮灾害的防御而牺牲生活质量。水岸公园可以作为风暴潮与城市生活间的润滑剂，尽量减少城市肌理和功能的割裂，减少对城市生态的破坏。

5.3.2 海滩

海滩是面临风暴潮的第一道防线，也是风暴潮影响最大的地区，提高其风暴潮适应力以及增加其防护功能至关重要。海滩根据环境的不同而有很大差异，对于临近居住区和旅游区的海滩，在增加其风暴潮适应性的同时也要注重景观效果和亲水性，对于远离居住区的海滩，则可利用其作为城市的屏障，发挥其防御能力。在海滩的风暴潮适应性策略中，可以从减缓海岸侵蚀和增强防御能力两方面入手。

5.3.2.1 缓减海岸侵蚀

在自然环境中，海岸由于海水冲击会伴随一定程度的泥沙损耗，但是也会伴随潮汐带来泥沙补充，所以正常情况下泥沙是平衡的。然而在城市环境下，由于人类活动，如丁坝、防波堤等工程设施的修建，以及开采海滩沙、围海造地等活动，干扰了自然界的泥沙循环，使损失的部分得不到补充。因此需要人为进行人工养滩，适当补充泥沙，也可以通过种植植物等手段，增加海滩沙的固着力，从而减缓海岸侵蚀。

5.3.2.2　增强防御能力

海滩是设置风暴潮适应性景观基础设施的重要场地。离岸处可以结合防波堤、浮岛、人工礁岛进行布置；岸线上可以通过驳岸、护岸、海堤、丁坝、湿地等增加风暴潮适应性；岸上则利用沙丘、滞留池、防护林等进一步加强其防御能力。

5.3.3　内陆公园

内陆公园一般是城市公园绿地系统的主要组成部分，所占面积大，与城市居民的日常生活密切相关。而在适应风暴潮的景观基础设施中，内陆公园由于所处内陆，受周边建筑和其他构筑物遮挡，是面临灾害威胁较小的地方，因此内陆公园可以借由这个契机发挥重要作用。

5.3.3.1　作为灾害救援工作的据点

内陆公园往往有较大的开放空间以及相对安全的环境，在应灾中可以用以临时收容灾害中的受灾人员，便于救助工作的开展。同时内陆公园有足够的场地来布置救灾物资、车辆和其他设施。风暴潮灾害后往往需要大量的排涝、清除废墟等工作，内陆公园也可以提供必要的集散基地。例如纽约的 Sara D. Roosevelt 公园作为一个应灾补给场所，在区域大面积停电的状况下，通过临时在公园内设置的发电机为周边社区进行供电，并为周边公园提供应灾资源。同时，公园也能为受灾居民提供临时的生活活动空间，比如为受灾的学校提供临时的教学场所等。

5.3.3.2　通过雨洪管理减少洪涝压力

如前所述，风暴潮发生时往往伴随洪涝灾害。除了潮水直接造成了洪涝外，更重要的是强降雨结合河流入海遭到顶托而造成的河水泛滥。内陆公园虽然很少会遭到风暴潮水的直接淹没，但是对于缓解前者造成的洪涝灾害能起到重要作用。内陆公园可以作为雨洪管理中的一个节点，起到汇聚雨洪、净化和排涝的作用。内陆公园由于表面主要为植被和其他透水材料构成，相比建筑、道路和广场具有更好的吸收雨洪的作用。通过一定的植物选择和雨洪管理设计，内陆公园能够更好地发挥吸收、净化和排涝的作用。

5.3.4　自然生态区

城市的自然生态区主要包括森林、湿地、湖泊等生态敏感的场地，它们在生态系统和城市中起着重要作用。不仅能够为城市提供汇碳、空气净化、水体净化的生态服务功能，也是多种生物的栖息地，对于保护地区生物多样性和生态平衡至关重要。而在城市风暴潮适应性策略中，自然生态区也起到了重要的减缓波浪冲击、吸收洪涝等作用。在构建与自然相联系的景观基础设施策略中，自然生态区也是连接城市和自然的重要一环。为促进自然生态区更好地在风暴潮适应性策略中发挥作用,人们需要从自然生态区的保护和人工生态区的营建两方面展开工作。

5.3.4.1 自然生态区的保护

城市中的自然生态区正面临巨大的挑战。一方面,快速的城市化进程使城市范围不断拓展,而自然生态区则不断缩小。另一方面,城市基础设施跟不上城市化进程导致水体污染、空气污染等环境问题发生,直接威胁自然生态区。因此,自然生态区的保护首先应当限定城市开发范围,制定相关法律法规,保护其不被开发商侵占。其次,健全和完善城市污水处理、废弃物处理、废气处理等设施,提高城市市政设施的功效,尽量减少污染物在环境中的排放。

5.3.4.2 人工生态区的营建

由于人类活动导致自然生态区的退化,因此需要人工进行营建,以弥补对于生态环境的影响并加强其生态功能的发挥。在风暴潮适应中,人工生态区的营建也能增强自然对于风暴潮的平衡能力,通过生态过程中的能量和物质流动减弱风暴潮对城市的影响。其中,湿地的营建效果最为明显。城市建设过程中大量的湿地被填埋或因为环境的恶化而消失,通过人工平整场地、增加泥沙淤积、人工种植等方式,可以重建城市内的湿地,发挥其风暴潮防御的能力。

5.3.5 街道景观

街道景观是风暴潮适应中的重要景观基础设施。首先街道景观自身必须具有适应风暴潮的弹性,因为城市交通、电力、排污、通信等设施往往和街道紧密相关。特别是对于一些设置地上电缆的街道,风暴潮过程中树木倒塌是造成电力、通信系统破坏的重要原因。同时,大量的降水和洪水裹挟的地表污染物会随着街道扩散造成大面积污染。因此,对于街道景观的弹性适应性策略首先要提高街道自身的弹性,不对城市造成负担(图 5-43)。在此基础上,街道景观通过合理的规划设计还可以发挥雨洪管理、增加城市弹性的作用。19 世纪 70 年代,美国开始探讨结合自然雨水循环模式的道路雨水排放系统,绿色街道应运而

图 5-43 街道树木倒塌

资料来源:www. newyorktimes. com

生，这在城市风暴潮适应中也同样可以起到积极的作用。

最早的绿色街道是1990年美国马里兰州Prince George县修建的Somerset住宅区的绿色街道，它能吸收周边75%～80%的地表径流，可抵御百年一遇的暴雨灾害，而造价却只有传统的雨水处理系统BMP(Best Management Practices)的1/4[①]。针对风暴潮的绿色街道主要包括以下组成部分：

5.3.5.1 弹性植物材料选择

除了符合一般行道树和道路绿化植物的选择原则外，适应风暴潮的行道树应当选择当地抗风能力强、耐水淹、耐盐碱的树种。以尽量减少行道树在风暴和洪水冲击下的倒塌情况，进而避免对交通以及电力、通信设备造成破坏。而较好的对于水湿和盐碱的耐受性是行道树在风暴潮后快速恢复的重要要求，也体现了弹性原则下的耐久性原则。另外，当地树种的选择能够增加对于当地环境的适应性，也是其提高弹性的重要因素。

5.3.5.2 种植沟(Swale)

种植沟是一种植被覆盖的下凹式开放渠道。其作用有三：第一是引导地表径流汇集，第二是通过植物和渠道粗糙的表面减缓流速从而提高渗透率，第三是通过植被和土壤净化雨洪。在风暴潮适应性设计中，还要考虑选择植被的盐碱耐受性(图5-44)。

图5-44 种植沟

资料来源：wikipedia

5.3.5.3 路牙石拓展池和种植池(Bioretention-Curb Extensions and Sidewalk Planter)

① Rain Garden: History[D/OL]. http://en.wikipedia.org/wiki/Rain_garden# History.

路牙石拓展池和种植池是一种配置丰富植物的下凹式景观空间，主要功能是雨洪的汇聚和下渗、并通过植被和土壤进行净化和吸收。两者根据道路情况不同而设置，可以结合行道树种植，形成乔灌草多层植被系统，提高雨洪管理能力。同样应当选用具有弹性的植物材料（图 5-45）。

图 5-45　路牙石拓展池

资料来源：wikipedia

5.3.5.4　透水铺装

透水铺装指能够使雨水通过渗透设施，渗入地下土层的铺装材料。主要有透水沥青、透水地砖、透水混凝土、砂砾网格和嵌草网络等类型。城市硬质表面是产生地表径流的主要场所，在风暴潮中，过量的地表径流汇入河道容易引起河水泛滥，加重风暴潮的危害。同时囤积的雨水如果不能及时下渗，也将造成周边地区受灾。道路作为大面积的城市硬质铺装表面（大型城市能达到20%），在城市风暴潮适应性建设中有着重要作用。透水铺装能够有效提高洪水和雨水的下渗率，减少地表径流的产生。

5.4　基于驱动因子的景观基础设施策略

5.4.1　风险评估与监测

灾害风险评估是对灾害的预测以及其影响范围脆弱性的评估，对了解沿海城市风暴潮的受灾风险、编制洪泛区地图、制定未来土地规划方案以及进行防灾预算具有重要意义。风暴潮风险评估主要分为三个方面：(1)风暴潮灾害的危险性研究，包括对风暴潮强度和频率的数值预报以及风暴潮高潮位的研究（图 5-46）。从20 世纪 70 年代开始，这些方面的研究已经得到广泛应用。例如美国的 SLOSH 模型、英国的海模型、荷兰的 DELFT3D 模型、丹麦的 MIKE12 模型、澳大利亚的

GCOM 2D/3D 模型和加勒比海地区的 TAOS 模型等[①]，这些模型各有其特点，适应不同国家的气候和水文特征。近年来，由于全球气候变化导致风暴潮日益严峻，各国也开始将海平面上升纳入风暴潮的评估因子，例如 K. L. Mcinnes 等对海平面上升和风暴潮对澳大利亚东北部沿海 Cairns 市的影响进行研究，运用 GCOM 2D 模型来模拟大陆架的海流和海平面上升情况，并计算了不同气候条件下的风暴潮重现期[②]。(2)风暴潮灾害风险的暴露性和脆弱性研究。分别从社会学、经济学角度进行研究，建立不同场景的动力学风险评估模型和相关指标体系，并把研究区域的尺度从大都市群逐渐缩小到城市社区，以提高评估的精准度。(3)风暴潮灾害风险区划及灾情损失评估。对风暴潮风险大小进行登记划分，并制定不同等级的区域范围地图。例如美国联邦灾害管理署(FEMA)根据纽约风暴潮受灾情况，将其划分为 4 个区，并依此制定规划和保险方案(图 5-47)。

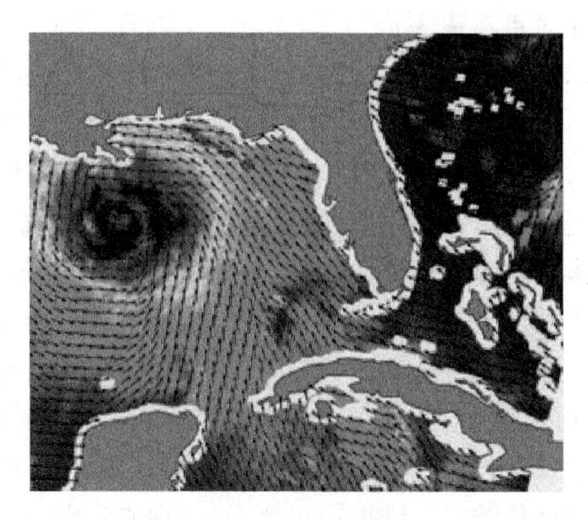

图 5-46　飓风 Katrina 范围和风速监测图

资料来源：NASA

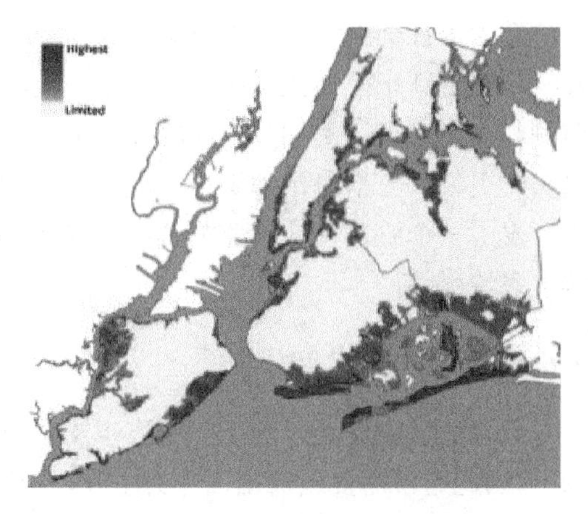

图 5-47　纽约海岸灾害风险图

资料来源：FEMA

风暴潮灾害的监测是运用观测手段，对灾害孕育、发生、发展和成灾的过程进行的观察和监视。它起到灾前预警、灾中跟踪、灾后评估的作用，并为提出抗灾减灾方案做参考。目前主要使用的监测工具有雷达、监测卫星、全球定位系统、地震仪及地理信息系统等。其中，遥感技术

① 赵庆良，许世远，王军，等. 沿海城市风暴潮灾害风险评估研究进展[J]. 地理科学进展，2007，26(5)：32-40.

② Mcinnes K L, Walsh K J E, Hubbert G D, et al. Impact of sea-level rise and storm surges on a coastal community[J]. Natural Hazards, 2003(30): 187-207.

在对自然灾害进行宏观、实时、动态、连续监测中具有不可替代的作用①。遥感是以航空摄影技术为前提，利用地面上空的遥感设备获取地面数据资料的监测方式，具有获取数据范围大、时间短且受环境限制少等优点。对于判断可能受灾的区域、时间和受灾程度有很大作用，并能通过数字影像记录灾害发生的过程，为灾后救援提供依据。另外，计算机监测系统也开始被应用于风暴潮的监测中。利用计算机模型同步处理雷达、遥感等数据，结合灾害的发生发展信息进行实时预测，增加了数据反馈的灵敏度。

在弹性城市的指导下，风暴潮风险评估与监测将朝以下方向发展：(1)促进学科间的紧密合作。风暴潮风险评估与监测涉及地理学、经济学、社会学、计算机技术、城市规划学等多门学科和技术，只有学科间密切配合才能得到完整有效的监测和评估结果。结果得出之后，在现实防灾应灾中的应用也需要城市各个部门的参与。因此紧密的学科间合作是必然要求。(2)注重风暴潮风险评估与监测的动态性。动态性反映在风暴潮不同强度和频率、不同空间尺度和自然条件以及不同的经济政治等社会因素条件下风暴潮的时空变化规律，还需要通过全局观的建立以及技术的更新来提高风暴潮风险评估和监测的动态性。(3)利用互联网技术拓宽监测与应用途径。例如日本政府开发了一个雨洪监测系统，可以在互联网上与居民实时更新和分享暴雨和洪水情况，更加便于居民掌握实时动态。又如在荷兰，政府开发了一个游戏性质的监测软件，让居民在休闲娱乐中培养防灾意识，并及时了解灾害情况。

5.4.2 政策法规的制定

风暴潮适应性的景观基础设施涉及整个城市，甚至整个区域，规模大、涵盖范围广，因此通常需要政府出面作为主导，进行景观基础设施的统筹规划，而政策法规是推动其建设和增加其风暴潮适应性的重要力量。政府在政策法规方面的引导主要分为以下几个方面。

5.4.2.1 设置规划法规，倡导风暴潮适应性布局

在风暴潮风险评估和监测的基础上，政府应当从城市和区域尺度统筹规划城市建设。对于风暴潮破坏作用明显的区域实行退让政策，限制房地产的开发；对于易受风暴潮影响的区域加强适应性基础设施建设，并在城市的高度合理布局各种风暴潮适应性设施，从宏观、中观、微观不同角度协同布局，使之成为互相联系的整体。为了确保规划方案得到实施，还应当加强风暴潮灾害以及其他自然灾害法律法规的建设。切实合理的法案法规是协调城市开发、生态保护和居民之间矛盾的必要

① 黄小雪，罗麟，程香菊. 遥感技术在灾害监测中的应用[J]. 四川环境，2004，23(6)：102-106.

途径,也是促进规划方案得以实行的有力保证。同时,对于自然环境的保护也是风暴潮适应性建设中的重要一环,相关环境保护法律的制定和实施至关重要。

5.4.2.2 提供政策优惠,鼓励景观基础设施建设

通过向开发商提供优惠性政策,是鼓励其进行景观基础设施建设的直接方法。例如开发商进行湿地和沙丘的建造可以得到建筑容积率的补偿,或者部分税收的减免、银行贷款的优惠等。另一方面,也可以通过政策的限定来推行景观基础设施的建设,如对一些不利于城市弹性建设的设施征收相应的税收,从而限制其开发。波特兰市通过政策法规的引导和刺激,在整个城市范围内建成了完善的雨水管理景观基础设施。政府通过税收、贷款奖励使开发商参与了 300 个雨水花园的建设,使 50 000 多套房屋安装雨水回收装置;通过对房屋、停车场等不透水铺装征收雨水税(Storm Water Fee),减少了不透水铺装的面积,所得的税款则用于雨水花园、绿色街道等景观基础设施的建设。在此政策实行十年之后,城市已经减少了 1/6 的雨水排入市政管网,极大地改善了城市雨洪问题,也增加了大量的公共空间[①](图 5-48)。

图 5-48 波特兰雨洪管理景观基础设施

资料来源:Sustainable Stormwater Management

5.4.2.3 进行效益评估,促进公私合营模式推广

从开发商角度出发,风暴潮适应性景观基础设施的建设并不能带来直接的经济回报,很多时候甚至会发生景观基础设施的建设与城市开发之间的矛盾。因此政府应该介入协调双方利益,争取形成互利互惠的局面。首先,政府部门需要对景观基础设施进行评估,估算其对周边环境产生的价值提升,从而吸引开发商放弃短视的决策方式,考虑地产开发与景观基础设施的协调发展策略。然后,结合城市长

① http://www.usatoday.eom/news/nation/environment/2010-03-28-portland-sewers_N.htm [2015-06]

远规划和投资商的利益制定投资发展计划,一方面利用开发商的资金投入来进行景观基础设施的建设和维护,另一方面通过将间接的安全性、生态性、观赏性等综合效益转化为投资回报,使投资者和政府达到双赢。纽约高线公园就是一个公私合营的案例(图 5-49)。1980 年代,很多开发商要求拆除高线来建设商业用房,甚至得到了当时市长的支持。然而 1999 年由社区居民组成的"高线之友"成立,致力于高线的保护与开发。他们做了专项研究,证明对高线进行综合性开发产生的税收增益将高于直接开发所得的受益,最后新任市长迈克尔·布隆伯格(Michael Bloomberg)确信高线的综合性开发将是一个公众和开发商双赢的项目,并从政府预算中拿出 4 300 多万美金[1]用于支持高线的改造。项目建成后,开发商确实从中得到了更大的回报。

图 5-49 高线公园与周边地产开发

资料来源:www. thehighline. org

5.4.3 公众参与

公众参与也常被称为公共参与或公民参与,广义层面上的公众参与是指公民试图影响公共政策和公共生活的一切活动,而狭义层面上的公众参与主要指的是行政主体之外个人和组织对行政过程产生影响的一系列行为总和(图 5-50)[2]。公众参与对于提升景观基础设施弹性的帮助在于:(1)公众是景观和其他城市项目的使用者,最了解当地具体的气候、地理、动植物和地方特色。公众能够给设计师和决策者提供最为直接的场地资料,便于全面了解场地特点,从而避免项目设计中由于信息缺失造成的设计和场地的脱节。而针对当地条件进行的有针对性的设计是构建弹性城市中本地化原则的具体体现,是构建弹性景观基础设施的基本条件。

① https://en. wikipedia. org/wiki/High_Line_(New_York_City)[2015-06]

② 江必新,李春燕. 公众参与趋势对行政法和行政法学的挑战[J]. 中国法学,2005(6):50-56.

(2)公众是最直接的项目观察者和使用者,他们在景观基础设施的日常使用中能够及时反映状况,在风暴潮发生前可及时反映薄弱环节和缺口,促进灾前防御;在风暴潮发生时及时反映遭到的破坏情况,方便相关部门采取应对措施。提高城市弹性的原则中包括灵敏性原则,即及时反馈的能力。公众相当于城市网络的神经末梢,其参与和反应的积极程度直接影响城市的灵敏度和弹性。(3)公众是最灵活机动的实施力量。由政府、开发商、NGO和公众共同组成的多渠道多层次的合作是构建具有凝聚力的弹性城市的重要因素。公众作为数量最多、分布最广、力量最大的团体,能够像流沙一样弥补各种项目实施中的不足和缺漏,增加景观基础设施的灵活机动性,从而提高应对风暴潮的弹性。提高公众参与主要从以下几方面入手。

图 5-50 公众参与合作

资料来源:作者自绘

5.4.3.1 促进公众风暴潮知情

促进公众知晓风暴潮的威胁是进行公众参与必要条件。只有公众能够了解面临风暴潮发生的可能性,并对气候变化下日益严重的风暴潮灾害有一个理性的认识,才能减轻公众面临突发灾难时的焦虑,并提前做好相关准备工作。这在从未遭受过严重风暴潮灾害的城市尤为重要。如果没有相关知情工作的推广,居民由于没有切身的体会,很难认识到风暴潮灾害的严重性。同时,如果居民能对气候变化下的风暴潮有足够的重视,也能在政府决策时起到风暴潮防御的推动作用。

为了提高公众的知情性,要做好各类媒体的宣传教育工作,如网络、电视、电台、报纸等,这需要政府的推广和各类专业机构的协助。推广过程中,既要说明风暴潮的潜在威胁,又要避免引起公众恐慌,因此要把握宣传力度和技巧。而网络是一个公众便于接触的并可提供反馈的有力宣传途径。例如美国旧金山市的SeaLevel.org网站是一个面向公众特别是儿童的介绍性网站，介绍海平面上升对旧金山市将产生的影响。同时，旧金山也邀请居民在建筑物上贴上预计的海平面高度线，来警示人们海平面上升的严重性(图5-51)。

图5-51　旧金山预计海平面高度线

资料来源：sealevelrise.org

5.4.3.2　促进设计过程的参与

设计过程的参与主要是促进设计师、决策者和公众进行交流，加深对现场的了解并听取公众的设计建议，主要有以下几种。(1)调查问卷：调查问卷是通过预先拟好的一系列问题，通过现场散发、网络、电话等方式对特定调查对象进行的信息搜集的途径。它能够快速有效地收集大量信息，覆盖面广，但是缺乏信息的深入度，字面理解的偏差也会影响数据的可靠性。(2)研讨会：研讨会主要指聚集设计师、决策者和公众就某些具体问题进行面对面交流的会议，能更直接深入地就某些问题进行讨论、达成共识。(3)实地考察：通过亲身体验场地获得第一手的资料，考察中可对当地公众进行访谈。优点是能亲身将场地信息和公众意见进行现场结合，形成对场地更加深入的了解。(4)公众代表直接参与设计：在规划过程中可以通过公众代表收集公众设计意见，将其反馈在设计当中。这能够更好地满足当地公众的实际需求，而意见与设计的配合则可以提高设计的专业性和可操作性。

5.4.3.3　促进决策过程的参与

决策过程的参与主要是协调开发商、决策者、公众等相关利益团体之间的矛盾和冲突，使共同利益最大化。决策过程的参与可以有以下几种方式。(1)设计模型和图纸展示：在设计过程中和结束后可以将项目的图纸和模型向公众进行展示，让公众直观地了解项目设计情况，从而便于他们提出意见和建议。(2)听证会：设计阶段性过程中或结束后可举办由相关设计者、决策者和公众参与的听证会，在会议上向公众介绍设计内容，并当场对公众的问题和建议进行反馈，并做出相应的裁决。(3)热线：热线是一种简单快捷的公众参与方式，热线号码可以通过各种媒体进行宣传，公众可以就项目提出自己的疑问和想法，并能够在项目开展中进行监督。对于有建设性的意见相关部门可以派人进行上门访问,作进一步的沟通。(4)公众投票表决。对于决策存在分歧的情况下,可以发动公众进行民主投票表决。公众作为景观基础设施的直接使用者,其态度是直接影响决策的重要因素,对于发挥民主具有重要作用,可以通过现场投票,也可以通过网络等媒体手段进行。

5.4.3.4 促进实施维护的参与

公众的力量越来越受到重视,因此鼓励公众进行项目的实施和维护是未来弹性城市建设的重要工作。除了公众力量的巨大潜力之外,通过公众的日常参与,还能培养其对风暴潮灾害防御的警觉性,使其面临灾害时能有所准备。参与方式主要有以下三种:(1)义务维护:景观基础设施由于其网络性和分布的广泛性往往直接面对广大的公众使用者,因此只通过政府部门进行维护有很大难度,而通过广大公众分散工作量是非常有效的途径。例如纽约在绿色街道的建设中,住户需要负责自己门前行道树的灌溉等工作,这是绿色街道维护的重要力量。(2)志愿者:公众可以通过主动提供建设、维护的劳动力或管理能力来协助各项目的施工和运行。例如中央公园等许多纽约公园都有面向公众提供的树木认领活动(图 5-52),公众作为志愿者帮助公园进行树木的日常养护,大大减少了公园部门的投入,为形成更加健康弹性的城市公园起到了重要作用。(3)提供赞助:在政府和开发商资金缺乏的情况下,居民和一些社会公益组织可以通过募集资金的途径,直接给予项目资金支持,以支付项目需要的材料、人工等费用。

图 5-52 纽约树木认养

资料来源:DPR

5.4.3.5 促进风暴潮应灾的参与

风暴潮的发生往往造成大面积的破坏,影响整个城市的正常运作,关系到每一个人。仅仅依靠政府部门的力量,很难使城市快速地从灾难中恢复过来,而公众的巨大力量在其中能够起到重要作用。(1)防御工作:风暴潮发生前公众在收到预警之后,应当将户外可移动设施进行转移和固定,以减少财产损失,也防止其造成对其他人员财物的二次伤害,同时做好应灾物资的储备并减少外出。(2)汇报灾情:

风暴潮发生后，及时向政府和相关部门汇报自身和周边基础设施遭到的破坏，以便政府对灾情有更多的了解，从而制定相应应灾计划。(3)基础设施的修复：在保证自身安全的前提下，协助相关部门进行重要基础设施的修复，例如清除道路积水、处理倒塌树木等，防止风暴潮引发更大的次生灾害。

5.5 本章小结

为了全面地探讨弹性城市下风暴潮适应性景观基础设施策略，本章从四个角度入手。第一个角度为理论框架角度，在前文提出的弹性景观基础设施"模块、网络、维度"的框架下分别进行阐述，体现了弹性城市与景观基础设施相结合的理论性指引。第二个角度为景观基础设施在风暴潮中发挥的功能，根据第3章对风暴潮的分析分为冲击适应性、洪涝适应性和盐碱适应性，分别提出景观基础设施的应对策略。第三个角度为空间分布角度，根据景观基础设施在空间上的分布情况探讨与风暴潮较直接相关的海滩、水岸公园、内陆公园、自然保护区和街道，分别阐述其发挥的不同功能。第四个角度为驱动因子角度，将研究范围拓展到与风暴潮适应性景观基础设施建设相关的抽象系统，包括灾害风险评估和监测、政策法规的制定和公众参与。这四个角度涵盖理论与实践、具象与抽象、空间与时间，希望能够对风暴潮适应性景观基础设施策略进行尽可能详尽的讨论。

6 纽约——风暴潮下的试炼

纽约作为一个地势低洼的河口城市，一直面临严峻的风暴潮考验，因此历史上不乏对于风暴潮适应性景观基础设施的研究和实践。2012 年，纽约遭遇地区历史上最大的飓风 Sandy 的袭击，受到了巨大的破坏。Sandy 的到来是对这些景观基础设施现实上的考验，通过分析其在 Sandy 中的表现可以得出成功的经验和失败的教训。Sandy 也促进了纽约对风暴潮的关注，催生了许多相关研究，这些研究对于未来风暴潮适应性景观基础设施的建设具有借鉴意义。通过对纽约案例的研究，可以检验弹性城市下风暴潮适应性景观基础设施策略的可行性，并结合实际进行补充和修正。前几章理论部分引用的案例主要以未建成的项目为主，而本章主要研究了纽约已建成的景观基础设施案例，因此具有很大的现实意义。本章的案例研究主要通过现场调研、访谈、调查问卷和资料汇编的方式完成。

6.1 纽约与风暴潮

6.1.1 纽约概况

纽约，一般指纽约市，是纽约州的一部分。它位于美国东海岸的东北部，为美国第一大城市，纽约都市圈的核心。全市占地面积 790 km^2，海域面积 424 km^2，包括 5 个下辖地区，曼哈顿区、皇后区、布鲁克林区、布朗克斯区和斯塔滕岛，人口 8 398 748 人(2018 年)[①]，是美国人口密度最大的城市。纽约也是一座世界级城市，世界三大金融中心之一，2018 年 GDP 10 300 亿美元，居世界第一[②]，对全球经济、文化、政治、娱乐、时尚等都起到重要的影响作用(图 6-1)。

纽约也是一座典型的河口城市，位于纽约州东南哈德孙河(Hudson River)和东河(East River)河口，还是其他河流(如 Hackensack 河、Passaic 河、Arthur 溪、Harlem 河等)交汇的场地，河流最后汇入纽约湾和长岛海峡。因为地理上的复杂

① NYC. Population-current and projected populations, http:// www1. nyc. gov/site/planning

② U. S. metro areas-ranked by Gross Metropolitan Product (GMP) 2019 | Statistic, Statista. Retrieved May 31, 2019

性，纽约河口也是很多生物的栖息地。

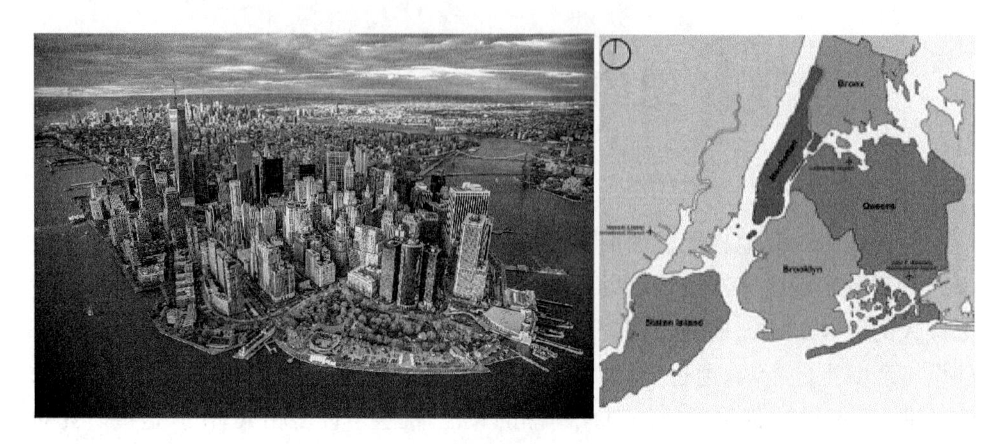

图 6-1　纽约及五个行政区

资料来源：www.nationalgeographic.com

6.1.2　纽约面临风暴潮的脆弱性

6.1.2.1　纽约风暴潮历史

纽约地处风暴潮多发地带，从 1900 年起，纽约共遭受过 14 次飓风和无数次东北风暴(Nor'easters)的袭击(表 6-1)。东北风暴虽然没有飓风造成的破坏大，但是发生更加频繁，持续时间长，同样是纽约面临的非常严峻的风暴潮灾害。而纽约和新泽西州海岸线在地理上形成的“纽约湾”(New York Bight)恰巧形成一个合适的角度，经常导致海上风暴向纽约转移并放大其破坏力。

表 6-1　纽约历史上的风暴潮灾害

时间/(年)	名称	属性	风速/(mph)	最大增水/米	人员死亡/(个)
1821		飓风	75	4.0	
1838	Long Island Express	飓风	100		10
1964	Carol	飓风	100		
1955	Connie & Diane	飓风			
1960	Donna	飓风	90	3.4	
1972	Agnes	飓风			
1976	Belle	飓风			
1985	Gloria	飓风			

(续表)

时间/(年)	名称	属性	风速/(mph)	最大增水/米	人员死亡/(个)
1992	Nor'easter	东北风暴			
1995	Felix	飓风			
1996	Bertha	飓风			
1996	Edouard	飓风			
1999	Floyd	飓风	60		
2003	Isabel	飓风			
2006	Ernesto	飓风			
2007	Nor'easter	东北风暴			
2011	Lee	飓风	65		
2011	Irene	飓风			
2012	Sandy	飓风	85	2.9	43

资料来源：根据以下整理，http://www.nyc.gov/html/oem/html/hazards/storms_hurricanehistory.shtml，http://www.nhc.noaa.gov/outreach/history/

6.1.2.2　纽约当前面临风暴潮的脆弱性

在Sandy发生前，纽约一直沿用美国联邦紧急事务管理局(FEMA)1983年绘制的洪泛区地图，但是Sandy中的受灾范围远远超过地图描绘的范围，因此2013年FEMA结合Sandy的受灾情况重新绘制了纽约市的洪泛区地图。地图显示，洪泛面积达49.6百万m^2(相比1983年版增加42%)，全市有67 700幢建筑位于洪泛区内(相比1983年版增加了90%)。在曼哈顿区、布鲁克林区和皇后区，约40万居民居住在洪泛区内(相比1983年版增加83%)(图6-2)。与美国其他面临风暴潮的城市相比，纽约生活在洪泛区的人口最多(表6-2)。可见，纽约当前面临风暴潮已经具有很大的脆弱性。

表6-2　美国主要城市的洪泛区比较

城市	在洪泛区生活的人口	占总人口比例	100年一遇洪泛区面积(平方英里)	居住在100年一遇洪泛区的人口(人/每平方英里)
纽约	398 100	5%	48	8 300
休斯敦	296 400	14%	107	2 800
新奥尔良	240 200	70%	183	1 300
迈阿密	144 500	36%	18	8 000
劳德代尔堡	83 200	50%	21	4 000
旧金山	9 600	1%	3	3 200

来源：PlanNYC

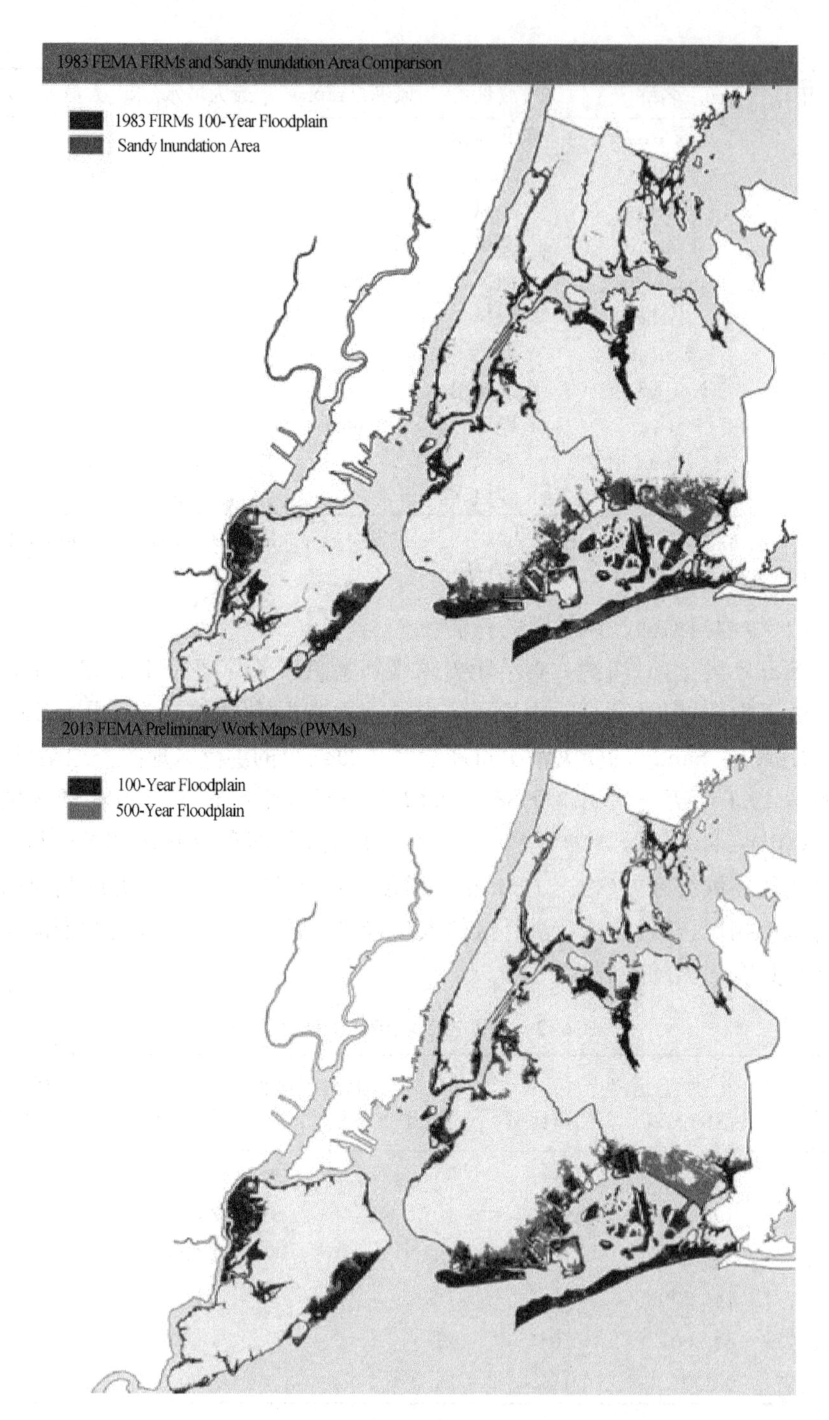

图 6-2　1983 年和 2013 年纽约洪泛区地图

资料来源：FEMA

6.1.2.3 纽约未来面临风暴潮的脆弱性

从全球范围看，从1880年到2012年，全球水陆表面平均气温上升了0.85℃，从1983年到2012年的30年间是北半球过去1400年里最热的30年。从1901年到2010年，全球平均海平面上升达到了0.19 m，从19世纪中期开始，海平面上升的幅度比过去2000年的幅度大得多。在未来的几百年甚至几千年里全球平均气温将上升1～4℃，造成海平面上升4～6 m①。IPCC 2007年的研究显示，从1970年代开始，全球遭遇了更加长期和破坏力更大的风暴潮灾害，而这与全球气候变暖和海平面上升的变化趋势相符合。另外，台风、飓风开始出现在以前没有出现过的地方。通过模型测算，如果全球气候变暖的趋势保持不变，将增加66%风暴潮的发生率，并且台风和飓风将具有更大的中心风速和降水，这将进一步加大风暴潮的危害②。

而纽约也意识到全球气候变化的影响，2008年成立了纽约气候变化委员会(New York City Panel on Climate Change，NPCC)专门针对纽约地区进行相关研究。在2013年NPCC的报告中指出，纽约未来将遭遇更大的气候变化导致的灾害。例如，到21世纪中叶，由于极地冰川的融化速率增加，纽约地区的海平面高度将上升0.76 m，导致100年一遇的风暴潮的发生频率增加5倍。另外，纽约也将遭遇更加频繁和更加巨大的降雨，热浪的发生率将增加3倍(表6-3)。同时纽约市也促进NPCC和FEMA合作，绘制纽约市洪泛区地图。新版地图显示，2020年100年一遇的洪水洪泛区将增加153 km^2(增加23%)，包括88 800幢建筑(增加31%)。到2050年，100年一遇的洪水洪泛区将增加186 km^2，约占城市面积的24%。在这个范围内包括114 00幢建筑，97%的城市电力设施，20%的医疗设施。综上，无论在全球视角下还是在地域视角下，纽约都将面临更大的风暴潮灾害，呈现更强的脆弱性。

表6-3 2013年NPCC纽约气象预测

	基本值(1971—2000)	2020 s	2050 s	
平均气温	54 °F	+2.0 to 3.0 °F	+4.0−5.5 °F	6.5 °F
降水	50.1 in.	+0～10%	+5～10%	+15%
海平面上升	0	+4～8 in.	+11～24 in.	+31 in.

来源：NPCC

① IPCC，http://www.ipcc.ch/pdf/assessment-report/ar5/syr/SYR _ AR5 _ LONGERREPORT _ Corr2.pdf

② IPCC，http://www.ipcc.ch/publications_and_data/publications_and_data_reports.shtml

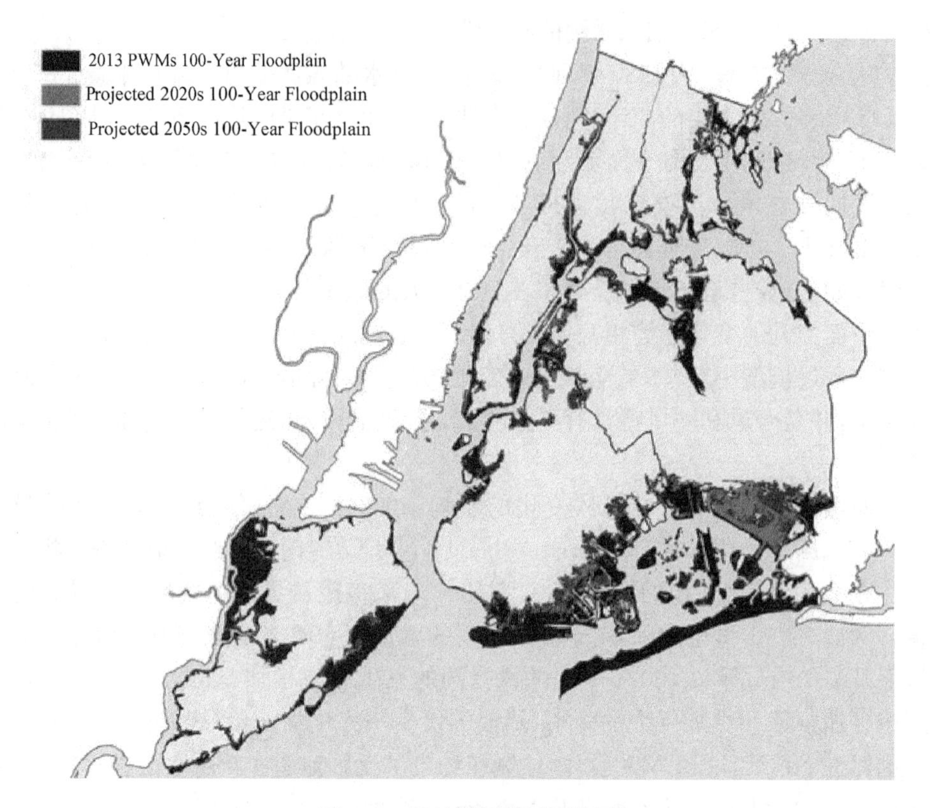

图 6-3　纽约预测洪泛区地图

资料来源：FEMA

6.2　飓风 Sandy 背景介绍

2012 年 10 月 29 日，纽约地区历史上破坏性最大的超级飓风 Sandy 着陆，造成纽约地区 43 人死亡，6 500 位病人被迫从医院和疗养院撤离，90 000 座建筑物处于洪泛区，110 万儿童被迫停课一周，200 万人口失去电力，1 100 万人口每日出行受到影响，以及 190 亿美元经济损失[①]。

6.2.1　飓风 Sandy 的成因

Sandy 之所以成为纽约历史上破坏性最大的飓风，是由以下几个原因造成的：(1)特殊的发生时间。Sandy 于 10 月 29 日晚登陆，正好是大西洋和纽约湾的高潮

① Sandy Overview. [2015-02-04]. https://www.fema.gov/hurricane-sandy-nfip-claims

期(高潮期发生时间为夜晚 20:54)。这意味着此时海域的水平面本身就比平常高,比低潮期时的海平面高出了 1.5 m。同时,Sandy 登陆时正好是满月,即月球对潮汐影响最大的时间,水平面又比平常高出了 0.3 m。因此 Sandy 与天文大潮重合,是导致风暴潮异常凶险的主要原因。(2)飓风的影响范围广。Sandy 着陆时,其中心风力覆盖范围达到 1 600 km,是飓风 Katrina 的三倍(图 6-4),而这跟飓风产生的风暴潮的大小直接相关,此时风暴潮的主要成因是飓风过境时巨大的低气压对海水产生了巨大的推力,在曼哈顿炮台地区产生的风暴潮的潮位达到了 4.3 m。(3)不寻常的路径。通常情况下,飓风在美国东北部登陆前就向大西洋方向转移,但是 Sandy 到来时正好遭遇北部的高气压,阻挡了飓风北上的路径,同时又遭遇向东推进的低气压,导致 Sandy 向大陆西部转移,正好在新泽西州和纽约地区登陆,同时加强了飓风的风速,中心风力达到 129 km/h。(4)飓风的角度。Sandy 登陆时呈逆时针方向旋转,使风暴潮向西北方向推进,使纽约和新泽西州南面的城市地区直接遭受风暴潮的正面袭击。综合以上各个原因,Sandy 造成了史上最大的风暴潮破坏(图 6-5)。Sandy 的发生虽然存在一定的巧合性,却是各个因素叠加的必然结果。在气候变化、海平面上升的背景下,未来发生类似巧合的概率正在增加,Sandy 不一定是历史上的唯一事件。

图 6-4 Sandy 与 Katrina 风速和影响范围比较

资料来源:NASA

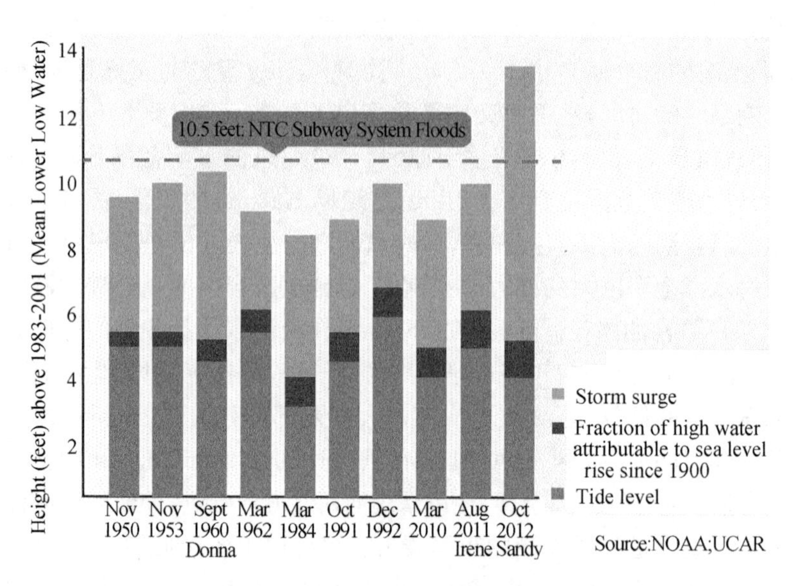

图 6-5 Sandy 与其他飓风的比较

资料来源：NOAA，UCAR

6.2.2 飓风 Sandy 的影响

Sandy 造成 132 km^2 的面积被淹，占纽约面积的 17%。而在 FEMA 绘制的纽约洪泛区地图中，只有 85 km^2 的面积处于 100 年一遇的洪泛区，Sandy 造成的受淹范围超出了 53%。在皇后区，受淹范围是洪泛区的两倍，在布鲁克林区为两倍以上，有些社区甚至超出了数倍。

Sandy 造成了 800 多栋建筑遭受结构性破坏，更有上万建筑受到影响。由于盐水破坏了电力系统，导致了 100 个住户和商户因火灾而无家可归。Sandy 对于基础设施的影响主要在电力方面，其中一个重要原因是电力设施多集中在海岸边，Sandy 后近 200 万人口失去电力供应。虽然大部分地区的电力很快得到恢复，但是部分地区如 Rockaway，丧失电力供应达一个星期之久。另外，1/3 的暖气系统遭到影响，6 个设施管道和工厂被淹并花费了两周才完成修复。燃气系统有 84 000个用户受到影响，主要分布在布鲁克林区。同时，由于电力中断，造成了电话、无线和网络的中断，其中曼哈顿南部由于设施的破坏造成了网络失效达 11 天。在 Sandy 造成的 43 名遇难者中，23 名死于斯塔滕岛，其中老人和小孩居多。其他人的日常生活也遭到了严重的影响(图 6-6、图 6-7)。

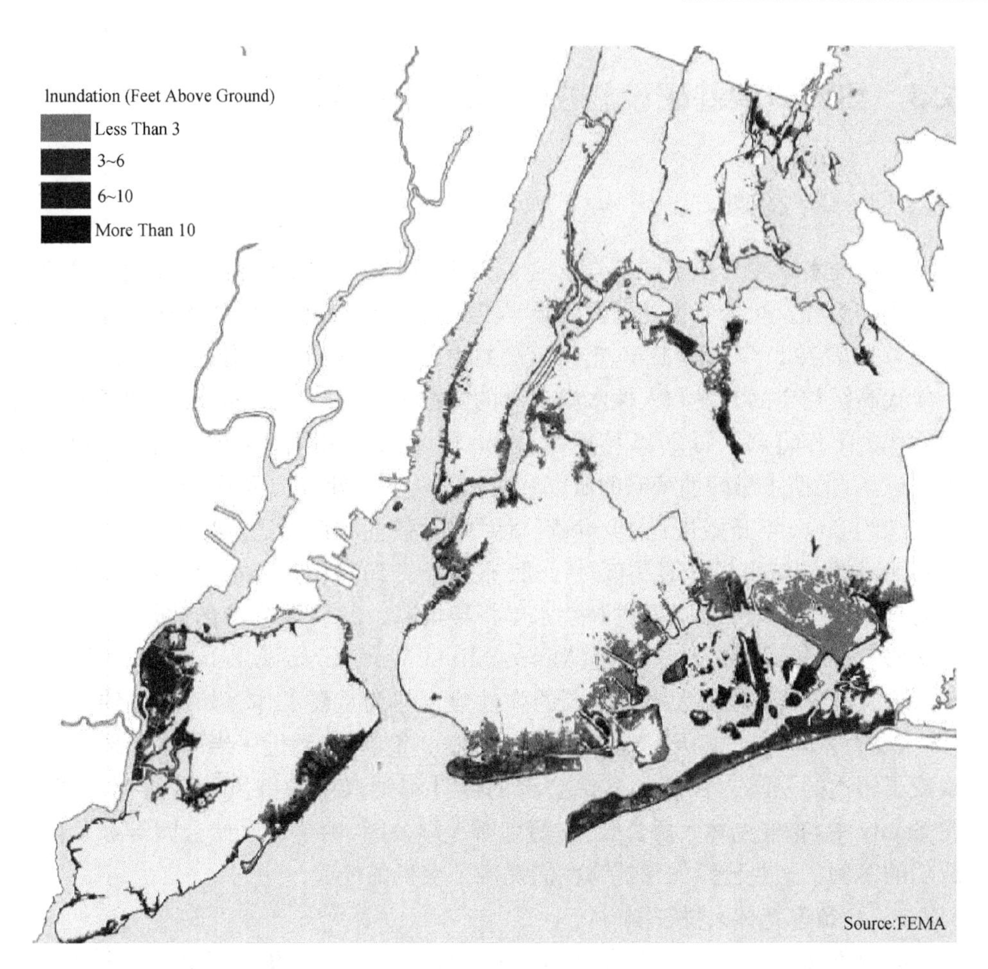

图 6-6 Sandy 淹没范围

资料来源:FEMA

图 6-7 Sandy 中的纽约

资料来源:www. nytimes. com

6.3 纽约景观基础设施在Sandy中的表现

6.3.1 水岸公园

纽约的水岸线长达836 km，地貌丰富，包括自然的沙滩、湿地和高度开发的居住区和码头等。纽约作为美国发展最早的滨海城市，其水岸发展策略也经历了数代变革。从1920年代至1960年代大量的快速路、桥梁和公共住房的开发，到五六十年代高级住宅的开发和人性水岸观念的觉醒，到七十年代公共健康和环境质量开始作为工作重点。而2011年飓风Irene和2012年飓风Sandy对纽约造成了极大的破坏，促使水岸弹性策略的研究和应用成为水岸建设的重要部分。

纽约2007年开始进行PlanNYC计划，对弹性城市的适应性策略进行探讨。2011年由纽约城市规划部发布的《2020展望——纽约市复合水岸计划》则是一个应对气候变化和海平面上升的弹性水岸指导策略。2013年发布的《城市水岸适应性策略》及同年大都市水岸联盟(Metropolitan Waterfront Alliance)召开的Post-Sandy水岸会议都把加大水岸公园的弹性建设作为重要工作。如今，纽约水岸的209 km为公园、保护区及其他开放空间。2002年起，纽约近一半的水岸地区被转换成了相连的公园①，而新的水岸公园的设计都纳入了防御风暴潮的弹性策略。在Sandy中，布鲁克林大桥公园、布朗克斯水岸公园、哈德逊水岸公园等都是比较成功的案例。这些公园的建筑为我们提供了宝贵的经验。

6.3.1.1 布鲁克林大桥公园

布鲁克林大桥公园位于东河东畔，从曼哈顿大桥北面的Jay Street向南延伸，穿过布鲁克林大桥，直到南面的大西洋大道。绵延2.0 km，面积为34 hm^2。公园基地原本为用于散杂货运输和存储的工业码头，20世纪后半叶以来，航运吨位的提高和大型集装箱运输的普及使得纽约的港口码头由哈德逊河与东河的浅水岸向新泽西州的深水地带转移。在纽约水岸空间复兴计划(New York City Waterfront Revitalization Program)的促进下，萧条的布鲁克林水岸地带在2002年开始改造为水岸公园。同年布鲁克林大桥公园发展委员会(Brooklyn Bridge Park Development Corporation)成立，进行公园的规划建设和维护运行工作。2004年，Michael Van Valkenburgh Associates(MVVA)受雇进行公园的设计。2008年，公园开始建设，于2016年全部完成。

Sandy中，布鲁克林大桥公园遭到了强烈的冲击。低地部分被淹没长达四小

① Sandy Success Stories[R]. New York, New Jersey: Happold Consulting, 2013.

时，最深的水位达到了1.8 m(图 6-8)。低处的电力和机械设施失效，三株新栽的树木倒塌，南部6号码头的活动场上一些铺装也因为长时间的浸水而变形。但是总体来说，遭到的损失也仅限于这些，相比其他城市公园，布鲁克林大桥公园并没有因为 Sandy 而长时间关闭。

图 6-8　Sandy 中的布鲁克林大桥公园

资料来源：www.nytimes.com

《纽约时报》曾在 Sandy 发生的两周前很有先见之明地评论，“相对于当前盛行的对于海平面上升的漠视，布鲁克林大桥公园是个例外”①。的确，在 Sandy 中有些公园并未受到严重的破坏，还能起到保护周边社区的作用。其中屈指可数的公园是事先将气候变化、海平面上升、风暴潮日益频发的背景考虑在设计当中，并做出一系列弹性应对措施的。这次 Sandy 的突然袭击也验证了布鲁克林大桥公园的考虑是正确的(图 6-9)。

根据纽约 100 年洪泛区地图，公园整体地形被抬高，1 号码头甚至被抬高了 9.1 m。同时，公园采用分层布置的设计手法，电力设施、道路、亲水平台等被设置在不同的洪泛区。另外，多重的土丘系统能起到很好的缓冲波浪冲击、保护周边社区的作用(图 6-10)。除此之外，MVVA 根据预估 2045 年上升的海平面高度 2.4 m，将植物根系的种植高度提高到了 2.4 m 以上②。与周边场地和其他水岸公园相比，抬高的地形使该公园最大程度上减轻了受灾程度。Sandy 发生时，连未建完的 1 号码头上的 Squib 桥在多重土丘系统的保护下也没有遭到明显的破坏。

① New York Faces Risks. http://www.nytimes.com/2012/09/11nyregion/new-york-faces-risks, 2012-09-11.

② Sandy Success Stories[R]. New York, New Jersey: Happold Consulting, 2013.

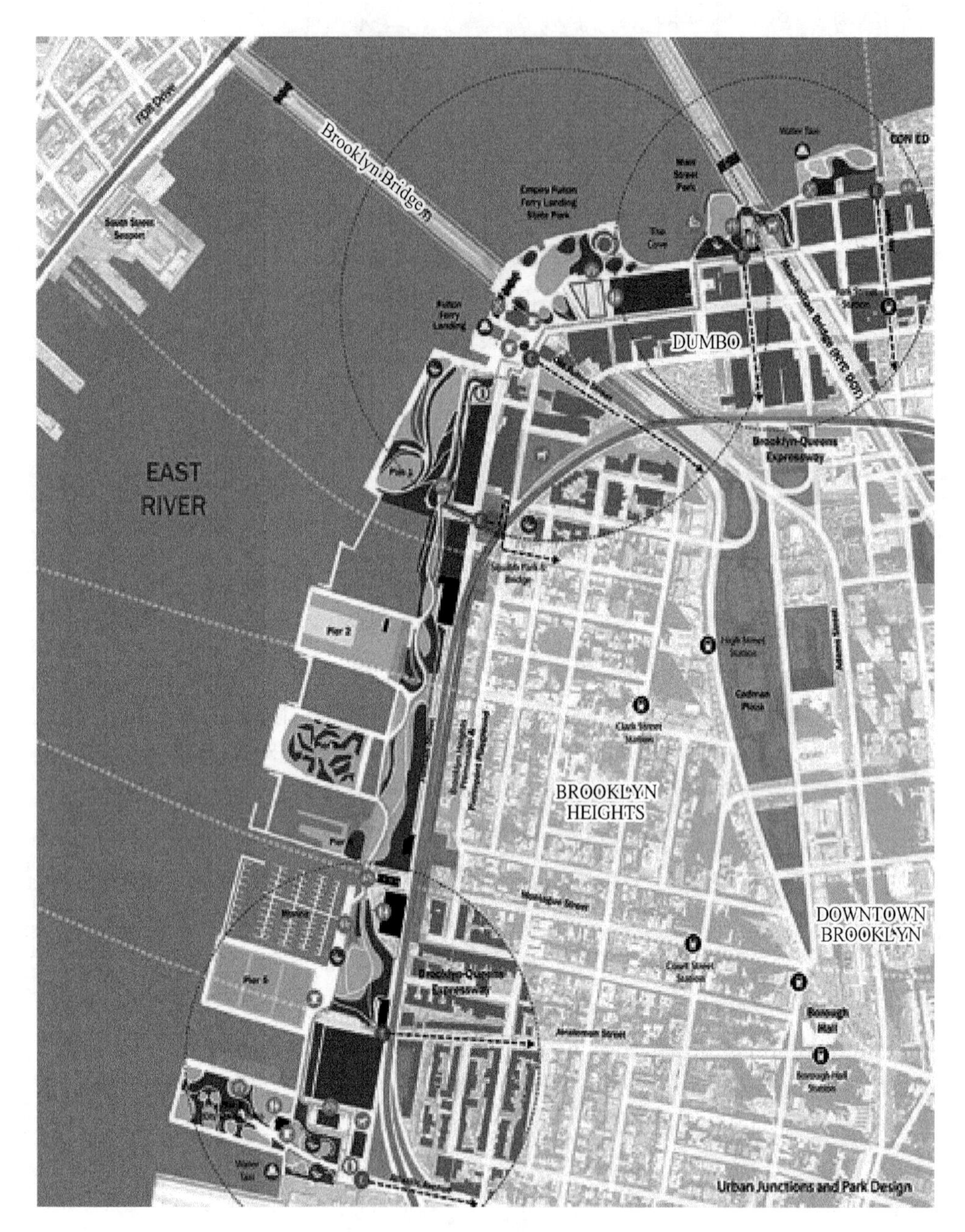

图6-9　布鲁克林大桥公园平面

资料来源：www.mvvainc.com

图 6-10 布鲁克林大桥地形营造

资料来源：www. mvvainc. com

公园的植物选择根据地形和与水岸的距离而不同，总体而言，公园选择当地耐盐碱的植物，如玫瑰、北美脂松、三叶杨等。除了植物，种植土壤的选择也偏砂质，砂含量约 70%～90%①，以利于盐分的快速排走。另外，植物也被作为岸线巩固的措施，例如西部 1 号码头的盐沼湿地利用了曾经在美国东南海岸繁盛的互花米草，很好地起到了减缓波浪冲击的作用。灾后，公园也采取了一系列措施来尽可能地恢复植被。公园维护人员通过灌溉系统来冲刷土壤，使盐分降低，同时临时引入了洒水车来增加灌溉量。Sandy 后的东北风暴带来的充沛降水，也起到了很好的稀释作用。Sandy 发生后的一个月，公园接受了共 300 mm 的水量，而事实证明，300 mm的水量已经能使土壤的含盐量降低 80%。另外，腐殖酸和硫酸钙也被添加到土壤中，以促进盐分的降解。

设计改造后，布鲁克林大桥公园 1 200 多 m 的垂直驳岸被改成了抛石驳岸(图 6-11)②。抛石驳岸与传统的垂直驳岸相比，碎石间的缝隙能够允许海水通过，受到的直接冲击力小，多层的碎石以几何级数的增长方式很好地吸收冲击力，因此抛石驳岸不易毁坏，更加稳固。尽管抛石驳岸是非常简单的工程措施，却在 Sandy

① Rebecca McMackin. Weathering the Storm：Horticulture Management in Brooklyn Bridge Park in the Aftermath of Hurricane Sandy. http://www. ecolandscaping. org/01/stormwater-management/weathe-ring-the-storm-horticulture-management-in-brooklyn-bridge-park-in-the-aftermath-of-hurricane-sandy/，2013-01-15.

② Sandy Success Stories[R]. New York，New Jersey：Happold Consulting，2013.

中有效地使布鲁克林大桥公园的水岸线基本没有遭到破坏。另外，盐沼湿地对快速排除洪水起到了很大的作用(图 6-12)。而加固后的码头柱也起到了一定的减缓波浪冲击的作用。

图 6-11　抛石驳岸

资料来源：作者自摄

图 6-12　盐沼湿地

资料来源：作者自摄

布鲁克林大桥公园的材料多采用当地回收利用的弹性材料。长叶黄松木因其良好的延展性和耐腐蚀性而闻名，因此从 1 号码头原来的冷藏库房回收的长叶黄松木被用来建造公园椅及用于铺装等。而花岗岩坚硬耐磨损，公园中使用的花岗岩多取自纽约其他地方拆毁的大桥。例如格莱特眺望台上的石材就来自罗斯福岛大桥的外包裹材料(图6-13)。另外，公园还利用了长岛铁路东入口项目的土方来营造多层土丘系统，仅 1 号码头就用了 3 000 m^3 的填充材料，从而得以使地势抬高 9.1 m①。在 Sandy 中，回收的花岗岩做的抛石驳岸起到了很好的抵御浪潮作用，利用回收的土方营造的土丘则起

图 6-13　花岗岩眺望台

资料来源：作者自摄

① Ruby Bruner Award for Urban Excellence: Brooklyn Bridge Park[R]. New York: Bruner Foundation, 2011.

到了主要保护作用。相反,Rockaway 海滩由热带雨林引进的木材做成的海滨步道则被摧毁了 2/3 之多。可见布鲁克林大桥公园回收利用的当地材料更加具有弹性,合适材料的选择和合理的利用起到了很大作用。

在 Sandy 中公园主要遭受破坏的是电力设施,Sandy 后低处的电力设施被淹,公园照明系统出现故障。灾后公园吸取教训,将电力设施移动到高处、拓展太阳能照明等。另外一些重要设施,如具有纪念意义的 Jane's 旋转木马(图6-14)被安装了水围栏(Aqua Fence)装置,能够确保其以后免于洪水淹没。布鲁克林大桥公园有一套先进的雨洪管理系统,平时公园 70%的灌溉都来自雨水的收集和公园用水的回收利用①。地上的泄洪渠和地下的滞留过滤系统(图 6-15)能快速有效地排除地面积水并进行过滤,这在 Sandy 中起到了很好的泄洪作用。

图 6-14 Jane's 旋转木马

资料来源:New York Daily News

图 6-15 水滞留过滤系统

资料来源:Julienne Schaer

另外,布鲁克林大桥公园的码头柱是由纽约与新泽西州港务局在 20 世纪 50 年代建造的,长年海水浸泡和真菌腐蚀使其脆弱不堪。公园建造时用水泥做成防护套加固了 1 900 根码头柱。这不仅使其在 Sandy 中免受破坏,而且起到了保护公园的作用,如今作为公园的一个独特景观吸引了很多摄影爱好者长年驻足。

布鲁克林大桥公园采用了一种新型的自维持的经济运营模式。其预计建设资金约为 3 亿 6 000 万美元,其中 8 500 万美元来自纽约及新泽西州港务局,1 亿 6 200 万美元来自纽约市,剩余的建设和维护资金则由公园自理②。与纽约其他水岸公园的限制场地内房地产开发的政策不同,布鲁克林大桥公园场地内住房和商业房的开发本身就被纳入了公园的规划建设,而房地产开发也在一个深入的分析

① Ruby Bruner Award for Urban Excellence: Brooklyn Bridge Park[R]. New York: Bruner Foundation, 2011.

② Memorandum of Understanding[R]. New York: Brooklyn Bridge Park, 2012.

后进行，以保证能用最小的开发面积维持公园充足的资金来源。最后小于 10%的公园面积被用于开发，建成 438 套公寓、6 700 m^2 商业空间和可容纳 600 辆汽车的停车场等①。作为回报，公园的建设维护资金将从公寓楼缴纳的公园维护费、公寓所有者缴纳的税收以及开发商销售所得中提供。开发场地选在了原先码头仓库的位置，并尽量靠近城市一侧，以减少对公园的影响，同时起到连接城市与公园的作用(图 6-16)。Sandy 发生前，布鲁克林大桥公园发展委员会就及时做好了应对措施，将篱笆、顶棚等可移动设施移出场地。Sandy 中，由于公园起到缓冲保护作用，公园范围内的房地产并未受到大的影响。灾后，在公园发展委员会的指导和住户的支持下，工作人员有条不紊地排除故障、修复场地，公园得以在灾后 5 天就重新开放。

图 6-16　用于开发的区域

资料来源：作者改绘

6.3.1.2　布朗克斯水岸公园

布朗克斯河是纽约市唯一的一条淡水河。在 1820 年代到 1830 年代这里的水质良好，市委会曾经讨论过在这里汲取城市饮用水。然而 1840 年代由于纽约中央铁路的建设，使布朗克斯河流经一条工业带，造成了水体污染，它一度被叫作“开放的排污渠”。19 世纪末，人们开始意识到河流保护的重要性。1888 年，布朗克斯公园成立，包括布朗克斯动物园和纽约植物园。随后布朗克斯河大道建成，作为缓冲带保护布朗克斯河，并减少城市化对其的影响。另外，1970 年代居民开始集会呼吁布朗克斯河的改造，布朗克斯河联合会(Bronx River Alliance)在 2001 年成立并致力于将其改造成集休闲、娱乐、经济为一体的城市绿道。在纽约公园与游憩部门

① Ruby Bruner Award for Urban Excellence: Brooklyn Bridge Park[R]. New York: Bruner Foundation, 2011.

(DPR)的协助下,布朗克斯河联合会开始了一系列措施净化水体、涵养水源并建设绿道。如今 12.9 km 的绿道已经完成,串联起 4 hm^2 的水岸公园。

布朗克斯河绿道的改造目的是重塑生态环境、净化河道、创造优美的环境,满足当地居民的休闲娱乐需求以及为周边社区提供一个防洪缓冲区。公园可作为可被淹没的区域缓冲风暴潮冲击并储存、吸收、过滤洪水,同时也能过滤溢流到河里的雨水。公园通过开挖碗形地底来创造景观土丘,不仅扩大了洪水滞留量,也通过地形增加屏障;垂直的硬质驳岸被尽可能地替换为抛石驳岸和湿地,这比传统的水泥驳岸更能吸收风暴潮的力量,也能够允许洪水更快地排到河流中去。在植物的选择上,总体采用耐盐碱、可吸收雨洪、能控制土壤侵蚀的植被。同时,景观师们有策略地将最耐盐碱的植物种植在河道两侧以及最低的区域,而将能够吸收水分且不那么耐盐碱的植物种植在较高的区域。在公园设施方面,采用坚固耐用的材料,并设置在离河岸一定距离外。

绿道上的一个公园,混凝土工厂公园(Concrete Plant Park)(图 6-17)位于布朗克斯河西岸,从北面的 Westchester 大道延伸至 Bruckner 大道。该场地原来是 1945 到 1987 年间的一间水泥混合厂。1999 年,居民从拍卖会上买回了这块场地,青年公平与正义部(Youth Ministries for Peace and Justice)看到了这块场地的潜力,并在 Point 社区发展协会(Point Community Development Corporation)和布朗克斯社区委员会(Bronx Community Board)的支持下对其进行改造。2000 年,DPR 将公园纳入纽约公园体系进行管理。2001 年,DPR 和布朗克斯河联合会在当地居民和社团的协助下将场地岸边的垃圾堆放场地改成了盐沼。从 2005 年到 2009 年,混凝土工厂公园共接受 10 万美元的更新资金。公园也得到了当地组织的支持,开展水质监测、划船、电影拍摄、青少年工作坊等一系列活动。

图 6-17 混凝土工厂公园

资料来源:作者自摄

在混凝土工厂公园进行设计之前,DPR 的设计团队就和当地居民紧密合作,并把公园定位为“学习公园”,公园的目标是促进积极的活动,设计希望通过最少的干预来激活水岸,并仍能保持其工业特征。现在,公园不但保留了混凝土工厂的重要设施,还增加了步行道、自行车道、橡皮艇码头以及阅读座椅等来提供丰富的活动。这些设施多位于河岸后退一定距离来避免暴露于洪水中,同时也选择坚固耐用的材料,比如从原场地回收的混凝土用于新驳岸的建造。与整条绿道的设计策略相似,公园可作为风暴潮时的可淹区域,硬质驳岸被抛石驳岸代替,并恢复历史上的盐沼地。目前,混凝土工厂公园70%的驳岸都被改建成了软性驳岸,未能被改建的部分则在相邻场地设置绿地以协助风暴潮防御与雨洪管理。通过洼地和丘地的地形塑造来增加滞留和阻挡洪水的能力,同时也采用耐盐碱和防止土壤流失的植被。

当Sandy到达混凝土工厂公园时,波浪已经减弱,而公园的弹性设计则保护公园和周边社区使它们几乎没有受到破坏。公园重塑后的地形也能最大限度地滞留、吸收洪水,使周边社区免于被淹。

绿道上的另外一个公园声景公园(Soundview Park)被称为“布朗克斯河的门户”(图6-18),位于布朗克斯河与东河相接处。1937年纽约市征得这块38 hm^2的土地时,这里主要由湿地构成,之后却成了一个填埋场,现在被转变为一个水岸公园(图6-19)。

图6-18 声景公园平面

资料来源:www.swabalsley.com

声景公园的设计主要在于盐沼湿地的恢复。为此,DPR与美国陆军工程兵团(US Army Corps of Engineers, USACE)合作开挖填埋场,使其降到适合盐沼植物生长的高度,并用沙子重新覆盖。虽然原来坡度较陡的硬质驳岸被湿地代替,但设计者仍然希望保留一定的坡度,通过在外围增加一定的碎石屏障来在风暴潮中保护湿

图 6-19 声景公园

资料来源:作者自摄

地，提前为海平面上升做考虑。另外，由于布朗克斯河口有少量自然的牡蛎礁存在，DPR 以及布朗克斯联合会用牡蛎壳等贝壳重建了礁石，为牡蛎提供繁殖的场地以增加其数量。而牡蛎被证明具有净化水体的作用，牡蛎礁具有减缓波浪冲击的作用。

在 Sandy 中，声景公园只遭到了轻微破坏。除没有完成植被覆盖的未建成场地外，整个公园没有出现水土流失的问题。周边一个因为风暴潮警报而疏散的社区，也因为公园的保护没有遭到大的破坏。居民们认为这都得益于这 1.2 hm^2 湿地的恢复项目①。

6.3.1.3　总督岛公园

总督岛原来只是纽约港内的一个小山丘，20 世纪早期，USACE 将其作为哨点和陆军海军的补给基地并开始拓展其面积。USACE 用曼哈顿 Lexington 大道地铁开挖的 367 万 m^3 的土方将总督岛扩展了 42 hm^2。1966 年，总督岛被移交给海岸防卫队，作为一个拥有大约 3 500 人口的独立社区，并作为大西洋地区的基地。1996 年，海岸防卫队离开了总督岛，并将其交还给联邦政府。2003 年，联邦政府把除了 8.9 hm^2 的国家纪念园外的 60.7 hm^2 土地以一美元的价格重新卖回给纽约人民，并由总督岛信托局（原总督岛维护与教育局）进行管理。后来，纽约市投入 2 500万美元致力于总督岛的设计与改建，意在将其打造成一个拥有港口、生态、历史与文化的公园（图 6-20）。West 8 最终赢得设计竞赛，并进行公园的设计。2012 年5 月，公园正式开始建设，第一期主要进行其中 12.1 hm^2 的公园和公共空间的营造，并为北部的历史区提供活动设施。

图 6-20　总督岛公园鸟瞰

资料来源：www. west8. nl

① Sandy Success Stories[R]. New York, New Jersey: Happold Consulting, 2013.

作为一家荷兰的设计公司，West 8 一直都把海平面上升和风暴潮纳入公园设计之中。设计师 Adriaan Geuze 指出，“飓风 Sandy 把未来更快地呈现在我们面前并揭露了风暴潮的威力，也证明我们应当把应对上升的海平面问题融入公园的基因①”。

总督岛北部为原来山丘的最高点，得益于较高的地形，其上的历史性建筑免于被洪水淹没，而南部则位于洪泛区以内，因此 West 8 利用场地上拆除的建筑垃圾以及从哈德逊河上一个矿场得来的 6 万 m^3 填埋物将南部提升了 3.7 m，后期还会运来另外 6 万 m^3 表层土用以支持植被生长(图 6-21)。

图 6-21　建造中的山丘

资料来源：作者自摄

在 Sandy 中，到达总督岛的海浪高度达到了 4 m，比南部海堤高出了 1.5～2.1 m②。但是，总督岛却基本没有遭受到严重破坏。北部受到自然地形的保护，而南部抬高的地形也最大程度地减低了风暴潮的破坏。Sandy 发生时，工人将机械移动到南部填埋的山区顶端而没有受到丝毫的破坏，而这座人工填埋的山丘因为夯土紧实也没有发生移动。另外，公园内绵延 4.8 km 长的预制混凝土种植池不仅起到座椅的作用，也起到固定表层土、稳固地形的作用。目前公园仍在建设，West 8 与总督岛信托局将采用更多的弹性策略。例如将耐盐的植物种植于地势较低的地方，并采用能够抵御风暴潮的公园设施，如路灯、座椅等，从而使公园能够在下一次遭遇 Sandy 时把损坏降到最低。

6.3.1.4　清泉公园

清泉公园位于斯塔滕岛西岸，紧靠阿瑟溪 (Arthur Kill)，包括清泉湾(Fresh Kills

① Adriaan Geuze. www. west8. nl

② Sandy Success Stories[R]. New York, New Jersey: Happold Consulting, 2013.

Estuary)和草原岛屿(Isle of Meadows)。1948—2001年,这块场地作为纽约官方的填埋场,在Sandy发生前,除了在"9·11"事件中重新开放作为建筑废弃物的填埋场,已经关闭了12年。尽管清泉公园以其填埋场的前身而为人所知,但是场地内55%都是重新开发的湿地、溪流和低地。DPR试图将这块890 hm^2的场地转变成世界上最大的垃圾填埋场再开发项目,并由菲尔德设计事务所(Field Operation)主持设计,建成后将转变成集户外运动、教育、休闲、生态恢复于一体的大型城市公园(图6-22)。

图6-22 清泉公园鸟瞰图

资料来源:www. fieldoperations. net/

公园的建设目的主要是为提高斯塔滕岛居民的生活质量,并作为一个地区性的标志吸引游客。由于靠近阿瑟溪,公园的设计初衷是作为可以被淹没的区域。在2012年PlanNYC湿地营建策略的指导和环境保护基金的支持下,0.8 hm^2的湿地恢复项目于2013年夏季完成①。项目通过重建盐沼、高潮和低潮沼泽地等(图6-23),使湿地恢复到了历史上的面积。建成的湿地利用椰子

图6-23 清泉公园的湿地

资料来源:作者自摄

① Sandy Success Stories[R]. New York, New Jersey: Happold Consulting, 2013.

纤维制成的木料来固定湿地边缘，将蚌类的壳放置在边缘，以减缓海浪冲击，并为生物提供栖息环境。最终多种动植物构成湿地且更加具有弹性。

Sandy 中，清泉公园并没有受到大的破坏，除了电力故障外其他设施没有受到影响。虽然海浪带来了很多废弃物，但并没有使湿地等自然环境遭到影响。另外，利用填埋场改建的山丘起到了阻挡海浪、保护周边社区的作用，而湿地则起到吸收洪水和快速引流的作用（图 6-24）。除此之外，清泉公园还在应灾中充当了中转站的作用，帮助政府和救济机构进行救灾布局。作为纽约少数具有大型开放空间的场地，公园接收了纽约五个区中受 Sandy 破坏形成的残骸。通过 Sandy 的警醒，公园未来将提高部分设施的地势并加固公园入口，以抵御未来更加凶猛的风暴潮。

图 6-24 垃圾填埋场改造的山丘

资料来源：作者自摄

6.3.1.5 水岸公园总结

除了几个最近建造的公园，纽约的大部分水岸公园在设计之初并没有将风暴潮的适应性建设纳入考虑。而像布鲁克林大桥公园和总督岛公园这些经过预先布局的公园，具有更好的风暴潮适应性，其适应手段更加全面，包括地形、植被选择、材料选择和布局规划等。研究中发现，许多早期建设的公园同样起到了很好的保护周边社区的作用。这主要依托于较高的地势以及湿地、草地等的缓冲。可见水岸公园在风暴潮的适应中能够起到积极作用，如第 5 章所述，一方面作为部分可淹区域减缓波浪冲击，另一方面公园的地形、驳岸等景观元素也可作为风暴潮的适应性设施。除此之外，布鲁克林大桥公园利用了当地的植物材料和工程材料，充分发挥了本地化原则的优势；声景公园尝试进行牡蛎礁岛的建设，突出了景观基础设施与自然联系的紧密性，并利用自然做功；混凝土公园作为风暴潮时期可淹公园的设定，也体现了风暴潮适应性策略中的顺应策略；清泉公园则利用景观基础设施作为活跃地方经济和生活的催化剂。这些都是弹性城市下景观基础设施建设的策略应用在现实中的实践，且取得了良好的实践效果。

6.3.2 海滩

海滩是接受风暴潮冲击最直接的地方，往往伴随着重大的破坏。Sandy 对海滩破坏最严重的是在斯塔滕岛东部和南部的海岸、Rockaway 半岛、Coney 岛以及附近布鲁克林南部的区域。斯塔滕岛南岸流失了 2.8 万 m^3 的沙子，所有的木栈道遭到破坏，所有沿海的社区都被疏散且遭到严重破坏。Rockaway 半岛损失了 230 万 m^3 的沙子，整个木栈道被破坏，有些地方的海岸线后退达到了 21 m①。居民丧失了电力，高层住宅的住户在断水、断电、没有电梯的情况下被困在公寓里，Rockaway 半岛与纽约相连的快速道因为 Jamaica 湾上支架的损坏而停止运行达数月之久。Coney 岛因为 Rockaway 半岛的遮挡损失相对较小，但是大部分的木栈道遭到破坏，所有靠近栈道的娱乐和教育设施被迫关闭，海浪冲刷带来的沙子和残骸覆盖了三个街区的街道。

虽然纽约海滩遭受了如此巨大的破坏，但是也应看到，Sandy 发生前政府和居民进行的一些海滩养护项目发挥了很好的保护作用。

6.3.2.1 Rockaway 海滩

皇后区 Far Rockaway 的海岸平房(Bungalow，图 6-25)保护组织(The Beachside Bungalow Preservation Association，BBPA)发起了一个以社区为基础的沙丘营建和维护计划。BBPA 最初是由居民组织起来保护 Far Rockaway 海岸 24 街到 27 街以及 Seair 大道到海边木栈道区域历史性平房社区的组织。该组织在 1991 年得到了 Vincent Astor 基金会的资助用于社区的维护，又在 1992 年得到了纽约基金会的帮助。BBPA 意识到要保护好社区必须先做好海滩保护和风暴潮抵御措施。而 1980 年代到 1990 年代，由于东北风暴造成了 Far Rockaway 地区大量海滩侵蚀，大大降低了抵御风暴潮的能力。因此纽约市开启了海滩保护和沙滩种植项目(图 6-26)。BBPA 看到了这一项目中沙丘种植对于稳固和扩大沙丘所起到的积极作用，于是利用不多的资金推广沙丘种植。从 1992 年到 1994 年，BBPA 又得到了 JM Kaplan 基金会和

图 6-25 Rockaway 的平房

资料来源：作者自摄

① Platt R H. Impact of Superstorm Sandy on New York City's New Waterfront Parks[J]，2013-08

纽约环境保护部(DEC)的资助,购买了耐盐的沙滩草、黑松树和其他灌木,并在当地居民的协助下进行种植和维护。

图 6-26　Rockaway 24 街的沙丘

资料来源:google earth

在纽约公园与游憩部(DPR)以及纽约环境保护部(DEC)的指导下以及绿拇指项目的培训下,BBPA 最先开始沙滩草的种植。他们最早在 1992 年用 25 美金购买了种子,然后分发给当地居民,甚至包括儿童,然后在社区边上从 24 街到 26 街的沙丘上种植(图 6-27)。仅仅几个月之后,沙滩草已经布满了整个沙丘,沙滩草具有 1.5 m 深的根系,能够起到固定沙丘并促进砂砾沉积、扩大沙丘的作用。1994 年,在此成功的基础之上,BBPA 得到了更多的资金用以在 24 街到 27 街种植木本植物,包括黑松树、海滩李以及杨梅,并再一次得到了居民的大力协助。而 BBPA 也为居民提供种植后第一年的维护灌溉费用,以使幼苗免于在夏日暴晒下死亡。种植完毕后,24 街到 26 街的沙丘达到草本、灌木和乔木三层覆盖,而 26 街到 27 街以西有灌木和乔木覆盖。因为沙滩草的固沙作用,在短时间内,沙丘的高度和宽度都得到了很大的增加,而只有灌木和乔木的地区,沙丘增长的幅度则要小很多。当沿着沿海木栈道建立起第一道沙丘系统之后,BBPA 又在 DPR 和 DEC 的协助下在现存沙丘的外围建立了一道 1.8 m 高的沙丘,并雇人将北部沙丘的部分沙滩草移植到新沙丘。由于沙滩草的快速繁殖力加上鸟类传播种子的帮助,新沙丘很快覆盖了沙滩草和一些灌木、乔木。这个新的沙丘被称为牺牲性沙丘,在 24 街到27街与原有沙丘一起形成了双重沙丘系统。

在 Sandy 中，Far Rockaway 的海浪高度达到了4.6 m，26街到27街的牺牲性沙丘几乎被全部冲毁。而原有沙丘在其保护下，同时因为较好的植被覆盖没有遭到很大的破坏，并保护周围社区免于被洪水淹没（图6-28）。26街到27街的沙丘较短，也较晚种植植物，只覆盖有木本植物而没有草本植物，因此遭到了一定的破坏，海浪跨过沙丘造成了当地房屋的轻微淹水。但由于沙丘的阻挡，房屋淹没时已经过了高潮段，减轻了破坏。Far Rockaway 遭到淹没最严重的不是东面直接面向海洋的海滩，而是海浪进入 Jamaica 湾后反冲到西部的没有沙丘保护的海滩，结合来自 Jamaica 湾的海浪，淹没了污水系统，造成污水上涌，污染了街道和住房。

图6-27　沙滩草的种植

资料来源：BBPA

图6-28　Sandy 后24街的沙丘

资料来源：BBPA

可见，乔灌草相结合的植被对于稳固沙丘有着良好作用(图6-29)，沙滩草起效快，能够帮助沙丘沉积、扩大面积，而深根系的木本植物能够抵御强风，固定沙丘。双层沙丘系统对于减弱波浪冲击有着明显的作用，在牺牲第一道沙丘后第二道沙丘能起到很好地保护周边社区的作用。

Rockaway 半岛的56街沙滩有沙丘进行防护，在94街则没有。飓风 Sandy 过后，56街遭到的破坏明显较94街小，而94街的绿地几乎全部被冲毁，周边社区房屋也不同程度地倒塌。通过这组对比，证明了沙丘具有良好的防护功能[①]（图 6-30）。

图 6-29 植被覆盖的沙丘

资料来源：BBPA

6.3.2.2 Westhampton 海滩

Westhampton 海滩位于纽约州东长岛的南部海岸，Moriches 海口和 Shinnecock 海口之间（图 6-31）。作为 1965 年火焰岛和蒙托克角海岸侵蚀和飓风防御计划（Fire Island to Montauk Point Beach Erosion and Hurricane Protection Project）的一部分，纽约的美国陆军工程兵团（US Army Corps of Engineers，USACE）建设了一系列丁坝。然而西部的丁坝还未完成，而建成的丁坝由于截留了过多的泥沙，造成沙丘缺少沙子难以成型，反而造成了更加严重的岸线侵蚀。

因为 1992 年东北风暴造成了巨大损失，在居民的控告下，USACE 与纽约州和 Westhampton 在 1996 开启了 Westhampton 临时计划（Westhampton Interim Project，WIP），并将持续到 2027 年。项目包括周期性的海滩沙子补充，每隔四年，将有超过 153 万 m^3 的沙子被补充到丁坝以西的海滩部分。另外，还缩短并降低了现存的丁坝以及补充一部分新的丁坝。同时项目还在丁坝的西部自然形成的沙丘基础上建造了沙丘系统，这个系统从丁坝西段一直延伸 3.5 km，高度达到高出 1929 年平均海平面高度 4.6 m，坡度 1∶5。结合沙滩补充，这个沙丘系统将能抵御 44 年一遇的风暴潮。沙丘顶端以及面海一侧通过围栏加固，为了不破坏沙丘的连续性，建造了跨越沙丘的车行道和步行道。美国沙滩草被种植在沙丘上，用于稳固并积累更多的沙子。鸟类和风力传播带来了其他的草种和乔灌木，增加了植被的多样性。到 2003 年，沙丘系统的高度已经增加到超过海平面 6.1 m，宽度达到 21.6～38.1 m[②]。

---

① Sandy Success Stories[R]. New York, New Jersey: Happold Consulting, 2013.

② Sandy Success Stories[R]. New York, New Jersey: Happold Consulting, 2013.

图 6-30 Rockaway 半岛的沙丘

资料来源:PlanNYC

为了使海岸保护项目更加容易进行,Westhampton 还在 1996 年公布了一个规划法案,规定了从沙丘边缘 7.6 m 的后退线,限制房屋、游泳池、围栏等设施的建设,从而保护了沙丘系统不被开发商吞并。

在 Sandy 中,虽然其海浪高度和强度都不是之前的东北风暴能比的,但是在沙丘系统的保护下社区并没有遭到大的破坏。虽然 WIP 建造的沙丘被海浪卷走了 40%的沙量,但是仍然保持了原有的高度。居民自发建造的双重沙丘系统,虽然第一个牺牲性沙丘损失了 80%的沙量,但是有效地保护了第二层沙丘及内部社区。相比之下,有一部分沙丘因为有一个机动车通道而比较单薄,造成了海浪没过此段沙丘并淹没了附近区域。Sandy 过后,将有更多的沙子需要补充,USACE 预计未来每 3~4 年将填充 57 万 m^3 的沙子,直到找到更好的防御风暴潮的方法。

图 6-31　Westhampton 海滩

资料来源:google earth

他们也将持续减短丁坝的长度,从而促进更多的泥沙沉积来形成沙丘[①](图 6-32)。

6.3.2.3　Bay Head 海滩

Bay Head 海滩位于新泽西州海洋郡(Ocean County)欢喜角(Point Pleasant)南部(图 6-33)。1962 年圣灰星期三风暴(Ash Wednesday Storm)侵袭海滩过后,当地居民开始建设海堤并覆盖了 75%的岸线。海堤由不同的土地所有者共同建设,多建设在原来的木质码头柱上。随着泥沙的沉积,海堤上渐渐积累起沙丘。海堤由石材建成,为垂直的墙体。这导致了海浪冲击时剧烈的反弹,同时带走海堤底部大量的沉积物。海堤也容易损坏,经常需要当地居民的维护。由于海堤所有者不同,各个居民的维护方式也不同,有些会在沙丘上种植沙滩草来稳固,有些则维护较少。尽管如此,Bay Head 的沙丘一直起到良好的防护功能,主要是由于沙丘在很多地区将整个海堤埋于其下,起到了加固作用。另外,深入地下 2.4 m 的木质码头柱也起到了很好的固定作用。

在 Sandy 中,Bay Head 海滩是遭受最强冲击的几处场地之一。海浪带走了沙丘

① Sandy Success Stories[R]. New York, New Jersey: Happold Consulting, 2013.

大约 1.8 m 的高度，大部分的沙丘消失，暴露了海堤以及其下的码头柱（图 6-34）。但是，在有海堤以及成熟沙丘的地方，遭受的损失都较小，只有一个或者两者都没有的地方则遭受了更大的损失。Sandy 后，当地居民吸取经验，将海堤提高 0.3 m[①]（1 英尺），同时增大沙丘面积、减缓坡度来减弱海浪的冲击，并利用石材间的精心码放来增加其强度，这样还能减少水泥的用量，而石材间的缝隙能够使部分海浪通过而消减其力度。另外，也鼓励全部居民继续沙丘的加固，使其形成连续的系统。

图 6-32　Westhampton 海滩的丁坝和沙丘

资料来源：google earth

图 6-33　Bay Head 海滩

资料来源：google earth

① Sandy Success Stories[R]. New York, New Jersey: Happold Consulting, 2013.

图 6-34 Bay Head 海滩 Sandy 前与 Sandy 后

资料来源：ESRI 灾害应激计划

6.3.2.4 海滩总结

海滩养护和防侵蚀是风暴潮适应中的重要日常工作，目前纽约大量采取的丁坝等工程措施只能小范围起到饮鸩止渴的作用。究其原因，是没有以区域为系统作为考虑，而只顾防护范围内的效果。前面几个案例一致表明，沙丘特别是双重沙丘系统对于风暴潮防御具有显著效果，且沙丘结合乔灌草的复合种植效果更佳。另外，沙丘与海堤等灰色基础设施相结合也能大大提高其防御能力。可见，在沙滩的风暴潮适应性建设中景观基础设施有一定优势，并有利于整个海岸的综合利益，且能够与传统灰色基础设施相结合，既提高整体防御能力，又通过其景观效果满足观赏、游憩等多重功能。案例也表明了纽约居民较大的参与力度，许多项目假如没有公众参与很难完成。

6.3.3 内陆公园

纽约拥有 1 942 个公园、1 000 多个游戏场、800 多个运动场、550 个网球场、60 个公共泳池以及 30 个娱乐中心，通过 161 km 长的绿道连接这些公园，并为居民提供友好的步行和骑行廊道[①](图 6-35)。

---

① http://www.nycgovparks.org/

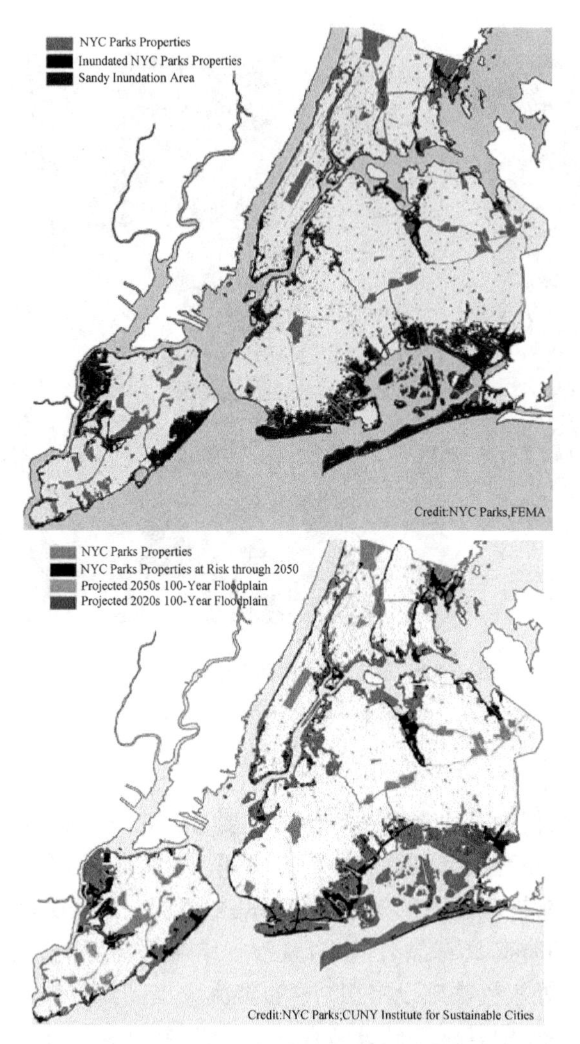

图 6-35　纽约被淹的公园和在洪泛区的公园

资料来源：DPR，FEMA

在 Sandy 中，虽然内陆公园没有像水岸公园一样直接遭到海浪的冲击，但在洪水淹没区域也受到了严重的破坏。例如 Asser Levy 娱乐中心(Asser Levy Recreation Center)，Tony Dapolito 娱乐中心(Tony Dapolito Recreation Center)，Inwood 娱乐中心(Inwood Nature Center)和 Red Hook 娱乐中心(Red Hook Recreation Center)都遭到了严重的结构和机械系统破坏，并使室外泳池的过滤系统失效，被迫关闭 4 周。

Sara D. Roosevelt 公园作为一个临时应灾补给场所，在大面积停电状况下，通过临时在公园内设置发电机为周边社区供电，并为周边公园提供应灾资源(图 6-36)。

同时,公园也为受灾居民提供临时的生活活动空间,比如为受灾的学校提供临时的教学场所等。调查问卷显示,纽约居民中68%的人认为目前景观基础设施面对风暴潮最大的失败是设施的破坏。而内陆公园由于地理位置的优势,受风暴潮影响小,因此可以起到补给周边设施的作用。在景观基础设施的风暴潮适应性建设中,也可以充分利用这一点,发挥内陆公园的作用。

图 6-36　Sara D. Roosevelt 公园

资料来源:作者自摄

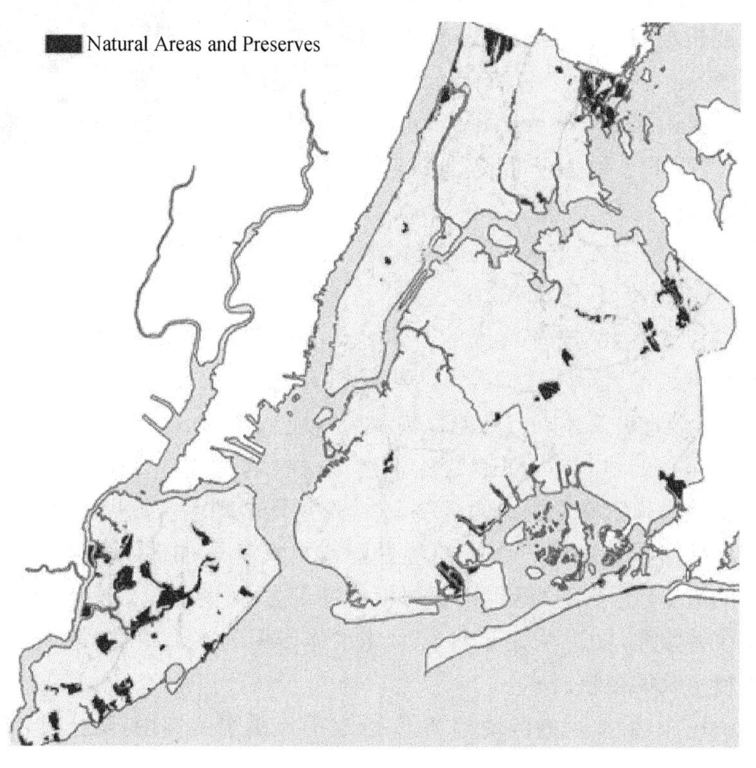

图 6-37　纽约的自然生态区

资料来源:DPR

6.3.4 自然生态区

纽约的自然生态区占地 4 006 hm^2，其中包括森林、草地和湿地，占纽约整个绿地系统的 1/3（图 6-37）。自然保护区在城市生态系统中扮演着重要角色，起到净化空气、吸收温室气体、涵养水源、净化水体、保护海岸线、为动物提供栖息地等作用。湿地由于其地理位置及独特的生态功能，在风暴潮防御中发挥着重要作用。

6.3.4.1 小颈湾

小颈湾（Little Neck Bay's Alley Creek）位于长岛北岸，毗邻长岛海滩并与东河相接。整个 20 世纪，湾内的湿地一直被用于填埋房地产开发废弃物，而来自周围的工业污水、合流污水、被污染的雨水等更加剧了水质的下降和动植物栖息地的丢失。从 1997 年开始，纽约和新泽西州港务局为了减轻附近拉瓜迪亚机场对本地生态的影响而恢复了 5.3 hm^2 的湿地。2009 年水体设施计划（Waterbody/Watershed Facility Plan，WWFP）致力于提高水质，在此计划下，纽约环保部（New York City Department of Environmental Protection，DEP）投资 14.2 亿美元，将建造可容纳 1.9 万 m^3 合流污水的蓄水池作为计划的第一步。之后 DEP 又投入 2 亿美元在小颈湾西南端进行湿地恢复项目，截至 2010 年，DEP 已经恢复了 3.2 hm^2潮间湿地和 3.2 hm^2 海滩草甸和灌木地[①]（图 6-38）。

图 6-38　小颈湾的人工湿地和污水处理厂

资料来源：NYC Environmental Protection

在恢复湿地的过程中，DEP 清除了建筑材料填埋物，并用沙土代替。同时根据现存的湿地来确定修复湿地的高度，这个高度既能使潮水流过，又能有足够的高度来支持湿地植物的生长。为了使湿地能够更好地增加储水能力，DEP 采用了 3∶1坡度的驳岸，这个坡度既能消解海浪的冲击力，又能在风暴潮中滞纳更多的洪水。为了改善水质，DEP 采用了具有净化水体作用的本土植物，特别是曾经在这块地域繁盛生长的植物。

在 Sandy 中，修复后的湿地起到了吸收、引流洪水的作用，防止洪水进一步淹

① http://www.nyc.gov/html/dep/pdf/cso_long_term_control_plan/alley_creek_cso_ltcp_1012b.pdf

没周边居住区，小颈湾的地形以及坚固的驳岸使湿地像一个蓄水池，能够在风暴潮时期将洪水锁定在湿地范围。

6.3.4.2 Gerritsen 溪

Gerritsen 溪是一条淡水溪流，位于布鲁克林海洋公园南面，注入 Jamaica 湾。1950 年，纽约卫生局（Department of Sanitation）将这块场地用于填埋建筑垃圾，造成了严重的水质污染，而引入的一种入侵性很强的苇草大面积蔓延又造成了生态破坏。但是随着填埋物中沙子的沉积和潮水带来的泥沙沉积，盐沼湿地开始生长。2010 年，纽约市与 USACE 共同开启了 Gerritsen 溪生态系统修复项目，截至 2012 年，共有 8.0 hm^2 的盐沼湿地、8.9 hm^2 山地海岸草地和 2.4 hm^2 的海岸林地被修复①（图 6-39）。Gerritsen 溪生态系统修复项目主要着重于重新激活其水域和陆地环境的活力。包括恢复其原有的植物多样性，这主要通过净化被污染的水体以及清除入侵物种达到。同时，项目也挖除了建筑垃圾并重新塑造适合湿地植物和草地生长的环境，通过缓坡过渡周边地形，并起到防护海浪冲击和洪水侵袭的作用。

图 6-39 Gerritsen 溪

资料来源：DPR

在 Sandy 中，大部分盐沼湿地的边缘坡度高于风暴潮的高度，因此起到了很好的阻挡海浪、保护周边社区的作用。有趣的是，借助风暴潮的力量，遗留在湿地中的一部分垃圾和建筑物残骸被冲刷到了岸上，起到了进一步净化湿地底床的作用。由于湿地植物生长茂盛厚实，风暴潮没有造成严重的破坏，湿地边缘的驳岸也在植物的保护下免受损坏。Sandy 前后，Gerritsen 溪生态系统修复项目中湿地、草地和林地周围的海岸线也没有遭到破坏，是人工修复自然保护区的一个成功的弹性案例。

6.3.4.3 自然生态区总结

如第 5 章所述，自然生态区的风暴潮适应性建设主要是对其进行保护，并人工修复和扩大自然生态区。湿地是自然环境下风暴潮的有效防护措施，前述几个案例都在原来自然湿地的基础上进行修复，是对自然规律的顺应。且项目显示，修复的湿地对于保护周边社区起到了积极的作用，同时也能起到净化水体、提供游憩等多重功能。自然生态区作为景观基础设施的组成部分，可以强化城市与自然的联系，并通过自然做功。这也是弹性城市下风暴潮适应性景观基础设施所强调的策略。

① Sandy Success Stories[R]. New York, New Jersey: Happold Consulting, 2013.

6.3.5 街道景观

纽约街道关于景观基础设施的项目主要有绿色街道项目和纽约百万树木(MillionTrees NYC)计划。

绿色街道项目(图 6-40、图 6-41)是纽约公园与游憩部(NYC Department of Parks & Recreation,DPR)和纽约交通部(NYC Department of Transportation,DOT)在 1996 年联合启动的一个项目,其初始目的是为了美化城市。2008 年开始,绿色街道将雨洪管理融入其中,以期减轻城市合流污水的问题。随后在 2009 年,纽约获得了《美国恢复与再投资法案》[*American Recovery and Reinvestment Act*(ARRA) Grant]拨款用于建设 28 个具有雨洪管理功能的街道。2010 年,纽约市在纽约公园与游憩部下专门建立了景观基础设施单位来协助环境保护部门解决城市合流污水问题。在各部门的支持下,纽约绿色街道项目得到了很大发展,而绿色街道也在美化城市、净化空气、降温、雨洪管理和为动植物提供栖息地等方面表现突出。特别是在雨洪管理方面,研究发现,每 0.4 hm^2 的绿色街道可以截留 208 m^3 的雨水①。经过合适的设计,截留的雨水可以用于场地上的灌溉,从而节约用水和能源。

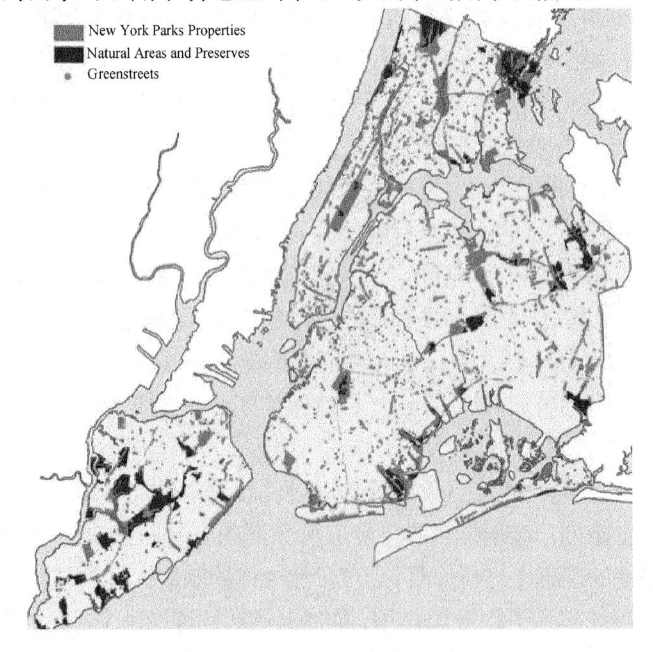

图 6-40 纽约绿色街道分布图

资料来源:DPR

① http://www1.nyc.gov/nyc-resources/service/1780/greenstreets-program

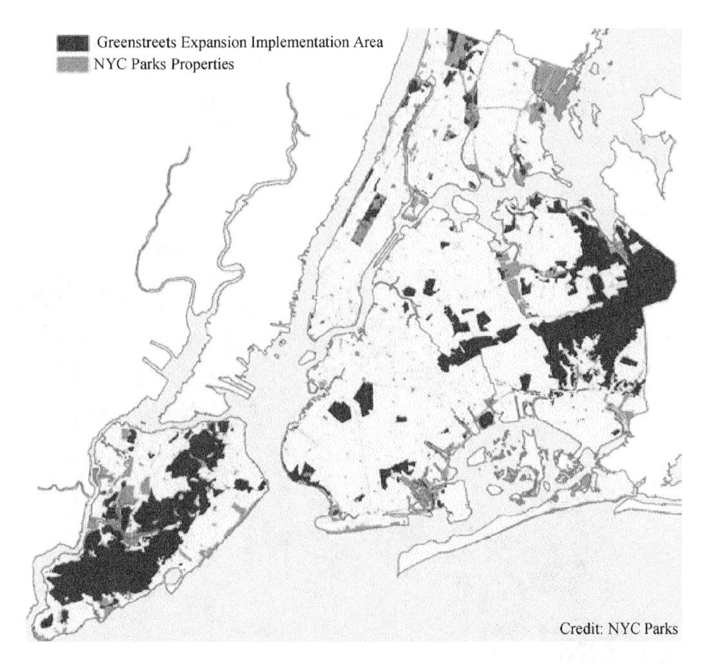

图 6-41 纽约绿色街道扩展图

资料来源：DPR

“纽约百万树木计划”(图 6-42)是纽约公园与游憩部在 2007 年发起的，作为纽约恢复计划的一部分。市长 Bloomberg 也将其作为 PlanNYC 的一部分，立志要在 2017 年栽种 100 万棵树。这个项目得到纽约各个群体的大力支持，政府共栽种了 70%的树，私营组织、社区团体和个人栽种了剩余的 30%。这个计划将纽约的森林覆盖率提高了 20%，到 2012 年 3 月，已经有超过 66 万棵树被栽种，这对于净化空气、雨洪管理、降低地面温度等都起到了巨大作用。在树种的选择上，纽约公园与游憩部选种了多达 140 个树种，并根据不同场地光照、受淹风险等情况来选择不同树种，从而提高树木对场地的适应性，增加其对于城市不同冲击的弹性。

Sandy 中，安装在绿色街道 Nashville 街(图 6-43)的感应器进行了实时监测，能够显示降水量和进入场地内的溢流，并能显示多少水量渗入地面，多少水量被蒸发或者溢流到周边的滞留池内。数据显示，该街道截留了所有降雨和从周边街道的溢流，其汇水面积达到了自身面积的 31 倍，接收 4.9 m^3 的雨水和 14.8 m^3 来自周边场地的雨水径流，相比非绿色街道的截留能力增加了 3 000%①。可见，绿色街道在 Sandy 中的表现十分出色，而纽约百万树木计划为纽约增加的大量树木也

① Million Trees NYC，http://www.milliontreesnyc.org/html/home/home.shtml

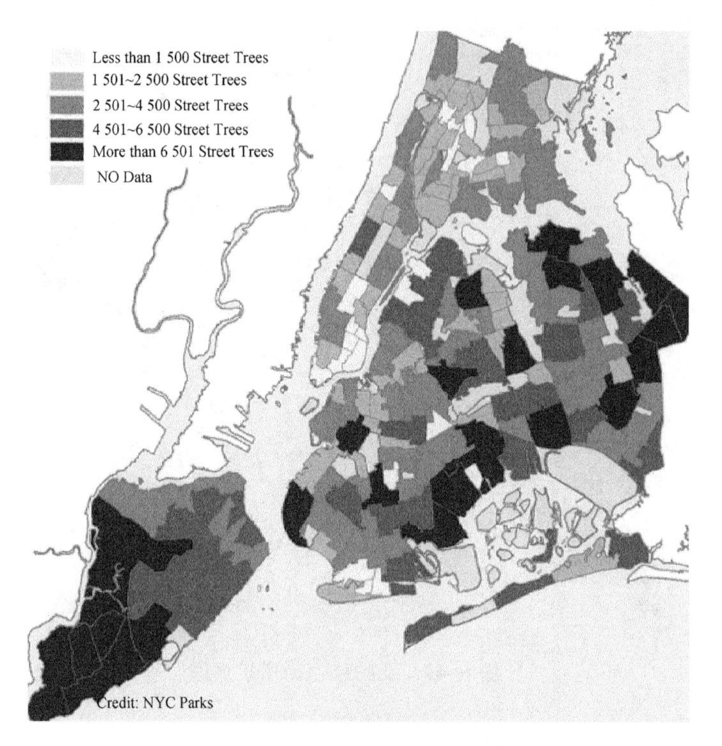

图 6-42　纽约街道树分布图

资料来源:DPR

通过截留雨水减慢了雨水混入市政管网的速度。最后,在 Sandy 中,纽约只损失了 1.1 万棵行道树,主要受灾的品种是纽约近年来很少种植的一些树种,包括挪威槭、银叶槭等。说明纽约的街道树种的选择还是比较成功的,应对风暴潮也具有较高的弹性。

图 6-43　Nashville 街和 Seagirt 大道的绿色街道

资料来源:DPR

街道景观总结

街道景观在城市雨洪管理中有着重要作用,街道不仅是城市的交通脉络,也可以发展成为城市泄洪的水网脉络。纽约市区范围内街道密布,且街道年代较旧,整改不易。当飓风过境,对于街道的影响主要是洪涝灾害,街道可以通过景观的途径用最小的干预达到雨洪管理的目的。其中,Nashville 街展示了种植沟和种植池对于引流、排洪的突出作用;乡土树种的选择也反映了本地化的材料在风暴潮中更加具有适应性。

表 6-4 纽约街道景观基础设施与风暴潮

街道景观基础设施	总数	Sandy 中被淹(占比)	位于 2013 年 FEMA100 年洪泛区(占比)	预计 2020 年在洪泛区(占比)	预计 2050 年在洪泛区(占比)
街道树	592 400 棵	41 600,7%	35 990,6%	46 400,8%	61 100,10%
绿色街道	173 条	26,15%	26,15%	30,17%	40,23%

数据来源:纽约公园与游憩部(NYC Department of Parks & Recreation),DPR

6.4 实践中存在的问题

6.4.1 早期缺乏对于风暴潮的重视

大量景观基础设施案例的调研结果显示,除了个别近年来新建的项目,大部分项目并没有在规划设计阶段将风暴潮的适应性建设考虑在内。虽然许多项目在 Sandy 中也表现良好,但主要得益于地势优势以及出于环境保护考虑而采取的相关措施,缺乏专门针对风暴潮的设计。根据调查问卷,70%的人在 Sandy 发生前并没有意识到风暴潮会对纽约产生如此重大的影响。因此,纽约和其他城市未来应该根据气候变化及时更新洪泛区地图,强调风暴潮的危险,并做好充分准备。

6.4.2 破碎的土地所有权不利于景观基础设施的统筹建设

纽约因其政治经济体制的历史沿革,土地所有制度复杂。且由于城市的高度发展,城市区划小,功能复合性高,因此增加了建设城市范围内连贯的风暴潮适应性景观基础设施的难度。所以,政府部门需要更多的协调和管理,通过政策法规的制定,鼓励景观基础设施的建设,并设置一定的标准以保证各单元间的衔接。同时,也可以建立以社区为范围的委员会来促进各土地所有者之间的交流。而对于其他国家城市和地区,虽然土地所有制情况不同,也需要注意加强政府与土地所有者的沟通和协调。

6.4.3 灰色基础设施与景观基础设施间的断裂

纽约风暴潮防御的灰色基础设施主要有海堤、丁坝和护岸等。事实证明，这些工程设施在 Sandy 发生时，其防护作用是远远不够的。由于纽约历史上并没有遭受过相同等级的风暴潮，它们的规格和强度已经落后于受气候影响而日渐剧烈的风暴潮。在少数案例中，这些灰色基础设施通过景观基础设施的加强能较好地起到防护作用。也应看到，公园、自然保护区等景观基础设施还缺乏必要的工程防护措施，直接暴露在风暴潮中，产生对生态系统的威胁。因此，在实践中应当将两者统筹规划，互为补充。

6.5 实践中可借鉴的经验

6.5.1 抬高地形被证明是最有效的适应性手段

无论是预先规划抬高地基，还是因为景观塑造或场地改造原因形成的山丘，都起到了很好的防御风暴潮并保护周边社区的作用。因此对海平面高度的预测以及城市洪泛区的预测至关重要，设计中需要将重要的设施设置在水位线以上。如布鲁克林大桥公园那样，将抬高的地形融入景观中并发挥一定的功能是非常巧妙的做法，避免了刻板地加高地基造成的空间割裂感。

6.5.2 本地化的材料更具弹性

纽约在景观基础设施的建设中强调材料的回收利用，也促进了本地材料的使用。本地材料经过漫长的演化过程因而更能适应当地环境，在风暴潮发生时表现更好的弹性。中国水岸公园的建设过程中，经常出现千园一面的情况，观赏性强的园艺植物常常成为首选。如果能将防御风暴潮灾害纳入考虑，选用当地的弹性植物，将大大增加水岸公园的防护作用。选用具有弹性的当地工程材料，也能将灾害损失大幅度降低。

6.5.3 风暴潮适应性设施与日常使用并不冲突

在 Sandy 中起到良好防御作用的土丘系统、沙丘系统，不仅是一个防御性工程，在平时也能够起到阻隔噪音、空间营造和提供活动场所的作用。如果能通过设计手段，将应灾设施融入景观基础设施固有的一些工程，如驳岸、地形等，能最大限度地节约成本，这比在公园建设完毕后再加上其他防护措施无疑更加省力而有效，而且能在不影响公园日常使用的前提下做到防患于未然。我国由于对风暴潮适应性设计尚处于开始阶段，相关的实践项目少，也没有引起政府和开发商的重视，在得不到充分资金支持应对风暴潮灾害的情况下，这是一个很好的思路。

6.5.4 自维持的市场运营机制表现良好

布鲁克林大桥公园为水岸公园的运营机制提供了一种非常成功的模型。目前我国的水岸公园多采用政府统一建设管理的方式，而布鲁克林大桥公园的自维持机制一方面带动了周边地产，另一方面地产的增益也能够直接用于公园的维护。这种体系反应迅速有效，因为公园直接关系到房地产的收益，故运营维护也更加用心。在灾害中，一旦发现缺陷能够更快地补救，灾后也能更加迅速地根据本地情况进行修复。这是一种更加具有弹性的水岸公园运营模式，值得我国借鉴。

6.5.5 健全的法律法规提供制度上的保障

美国是世界上最早建立国家强制性洪水保险的国家。美国国会早在1968年就颁布了《国家洪水保险法》。美国联邦灾害管理署(FEMA)还绘制了洪水保险图，虽然在Sandy中显得更新不及时，但是为城市提供了洪泛区的参考，从而限定开发区域以及区分不同保险的购买。此外，美国实行灾害分级管理体制，州政府是主要的职责单位，提高了区域联防的效率。州政府负责募集资金进行防灾基础设施的建设、编制土地管理条例以及灾害预报工作，例如纽约与新泽西州的码头是由纽约州和新泽西州工程兵团统一建设。纽约在此基础上制定了地方性法律，规定城市新开发区必须强制实行“就地滞洪蓄水”，并限制纽约地下水道入海口附近建设任何大型建筑物，另外还为低保人群购买了洪水保险。

6.5.6 较大的公众参与力度促进景观基础设施的发展

公众参与在纽约有着很高的认知度，在调查问卷中显示，85%的纽约居民意识到Sandy的发生与全球气候变化有关，71%的人也意识到景观基础设施是风暴潮防御的重要环节。在实际参与环节，纽约21%的人参加过景观基础设施的志愿者工作和捐款等相关活动，87%的人表示愿意参加到景观基础设施的建设和维护中去。清泉公园在2005年到2011年的设计和建设过程中共召开了14次听证会和公共会议，使居民的意见全程反映在公园建设之中。在Sandy后，纽约公众也积极配合政府参与灾后恢复工作。政府和相关组织也致力于推动公众参与，如纽约区域规划协会(RPA)是一个私人性质的研究和规划机构，通过电视节目“地区的目标”进行群众意见的收集并促进公众参与。可见，纽约有着较大的公众参与力度，这是政府之外景观基础设施发展的重要力量来源。

6.6 纽约未来风暴潮适应性景观基础设施动向

纽约一直关注海平面上升和风暴潮适应性前沿设计。Sandy 发生前，在 2007 年纽约就曾举办美国盖特威国家游憩区国际景观设计竞赛并评出一、二、三等奖，对牙买加(Jamaica)海湾地区进行游憩区设计，并将海平面上升和风暴潮作为重要的考虑因子。2010 年，美国现代艺术博物馆(MoMA)举办了名为"上升的海平面(Rising Currents)"的展览，展览中邀请了五支团队分别对纽约不同区域进行应对海平面上升的方案设计。2012 年 Sandy 发生后，更是催生了许多前沿性的研究。2013 年举办了 FAR ROC 设计竞赛，针对在 Sandy 中遭到巨大破坏的 Rockaway 半岛进行弹性社区的设计，最终评选出四个获奖者和四个入围者。2014 年又举办了"通过设计重建(Rebuild by Design)"设计竞赛，最终评选出六个优秀方案。另外，美国哥伦比亚大学、纽约城市大学等教学研究机构也就风暴潮和海平面上升问题开设实验室进行相关研究。综合近年来提出的风暴潮适应方案，除了在第 5 章中提到了一些策略外，还有以下几个新动向。

6.6.1 与生物能源相结合

随着全球气候变化和海平面上升，低碳城市和降碳技术成为人们关注的热点。一些新兴的生物技术也试图将气候变化的不利因素转变为发展条件，通过生物固碳技术起到降碳的作用，同时创造绿色能源。例如美国 PORT 建筑+都市主义事务所在纽约市布鲁克林炮台公园隧道(Brooklyn-Battery Tunnel)的项目中构建了浮桥藻类公园(Tunnel Algae Park)(图 6-44)。公园由一系列生物反应器构成，在其巨大气囊里面吸收二氧化碳并输送到生物反应池，进行二氧化碳的吸收和转化，然后产生氧气，并提供生物燃料、生物塑料和农业饲料等产品。而大型的藻类种植床能增加下垫面阻力，减缓海浪冲击。公园通过规模化的生产，能为城市提供能源补给，并提供一系列副产品，这比传统的能源技术更加安全、环保和高效。同时，公园在风暴潮防御和能源生产的基础上可作为大型的滨水区和开放空间，起到游憩、休闲、

图 6-44 浮桥藻类公园平面图

资料来源：porturbanism.com

教育等功能，成为融入城市生活的能源型景观基础设施(图 6-45)。

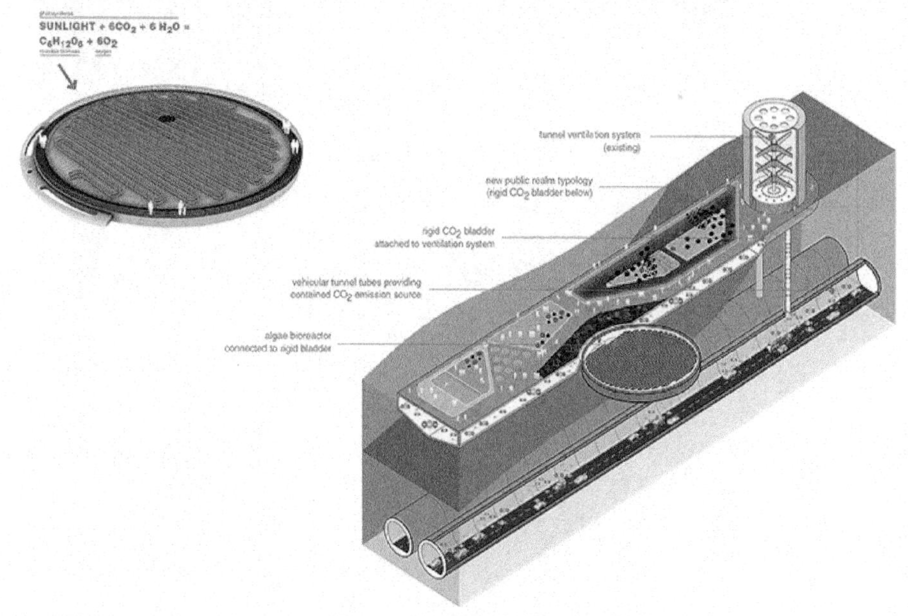

图 6-45 浮桥藻类公园效果图

资料来源:porturbanism. com

6.6.2 与生产性景观相结合

发展都市农业也是构建弹性城市的一个重要课题，城市农业可以在危机爆发时提供本地化的食物供给，防止在运输断裂的情况下城市食品供应短缺。城市农业还能避免更多的能源消耗，并提供开放空间，具有游憩、教育等社会功能。例如在“上升的海平面”展览中，LTL 建筑事务所提出“Water Proving Ground”的方案(图 6-46)。项目试图改变传统的如海堤等风暴潮防御手段，通过重新塑造城市与海洋的边界，模糊和延长岸线的方式起到保护城市的作用。项目中利用手指状的人工礁岛，创造了 72.4 km 长的新的海岸线。这些礁岛是在原有垃圾填埋场的基础上改建而来，并成为纽约地区的“培养皿”，可容纳湿地、农田、水上农场，成为当地的农业中转中心。这个项目将风暴潮防御和都市农业相结合，是弹性城市下景观基础设施的新尝试(图 6-47)。

图 6-46 Water Proving Ground

资料来源：ltlarchitects. com

图 6-47 Water Proving Ground

资料来源:ltlarchitects. com

6.6.3 与计算机模型分析相结合

随着数字技术的发展,景观基础设施的设计过程越来越多地与计算机和数据采集相关联。一方面,通过数字技术得出的对场地和风暴潮的分析,可以为设计提供更加可靠的依据;另一方面,设计结果可以通过数字技术在模型中测试其可行性。

2007 年,建筑师 Guy Nordenson 和景观设计师 Catherine Seavitt 等人开展了一项“水上栅栏湾(On the Water/Palisade Bay)”(图 6-48)的研究。项目位于纽约

和新泽西州之间的上湾(Upper Bay),面积 5 180 hm^2,受气候变化和海平面上升影响,这里的风暴潮灾害越来越剧烈,当地居民的生活和生态系统遭到严重威胁。"水上栅栏湾项目"中,通过三个主要元素湿地、支墩和岛屿(图 6-49)的营建重新塑造城市与海洋的边界,将风暴潮和海平面上升作为自然过程引入城市中,改变了传统工程设施造成的海陆分离。项目重新思考了海水、生态和社会三者的关系,不仅为城市提供一个风暴潮适应性的缓冲地带,也为城市的休闲、生态以及未来的发展提供新的基地。在岛屿的设计中,引入了计算机模型分析,通过计算机分析不同的岛屿形状和排列方式对于水流方向、流速的影响,从而选择风暴潮防御能力最强的设计方案。这与城市和区域尺度的风暴潮监测和评估系统密切相关,是未来一个重要的研究方向(图 6-50)。

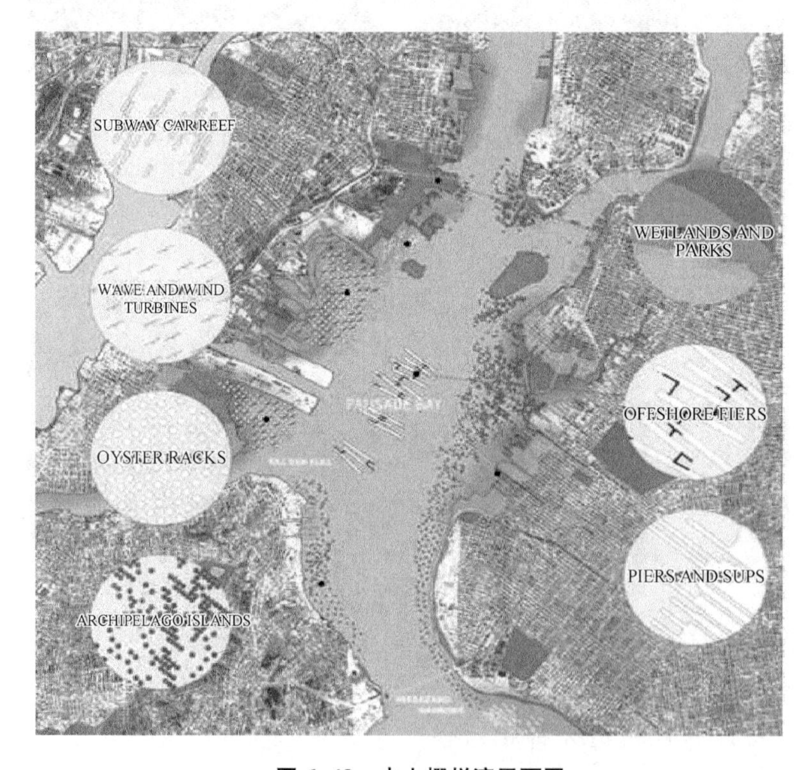

图 6-48 水上栅栏湾平面图

资料来源:On the Water/Palisade Bay

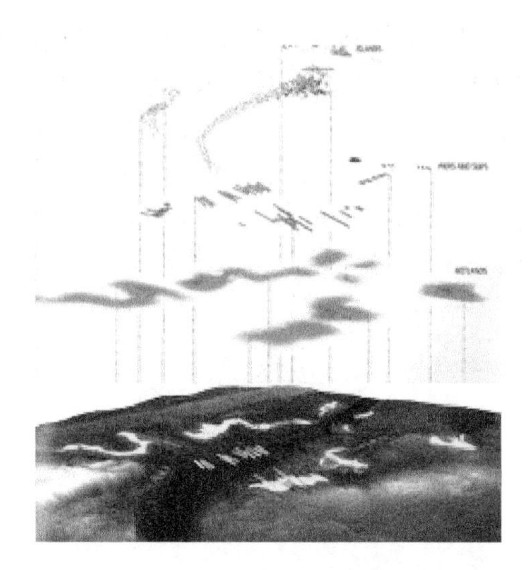

图 6-49 湿地、支墩、岛屿的景观结构

资料来源：On the Water/Palisade Bay

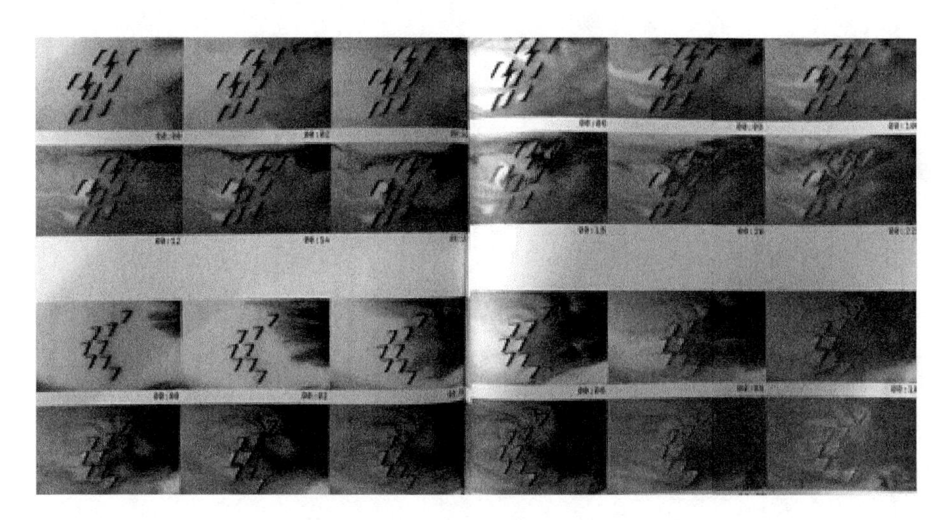

图 6-50 岛屿模型分析

资料来源：On the Water/Palisade Bay

6.7 本章小结

本章通过纽约作为实践案例探讨弹性城市下风暴潮适应性景观基础设施的现实应用，是通过实践对前文理论部分的反思和补充。本章首先介绍了纽约的概况，包括其地理水文特点以及遭遇风暴潮的可能性和在风暴潮中的脆弱性，并介绍了纽约在弹性城市建设方面的相关计划。然后根据空间分布，分别介绍了海滩、水岸公园、内陆公园、自然保护区和街道的景观基础设施案例，分析其在 Sandy 中遭受的影响，评估是否发挥了防护作用，并进行风暴潮适应性的评价。之后，在弹性城市理论和风暴潮适应性策略的指导下总结案例，分别提出存在的问题和可借鉴的经验。最后，通过纽约一些前沿案例的研究，指出风暴潮适应性景观基础设施在未来的动向。

7　鹿特丹——后风暴潮时代

“水城”鹿特丹有着与水抗争与水共生的悠久历史，作为一个低洼的河口城市，鹿特丹通过多年的防洪建设，成为世界上最安全的河口城市之一。近年来随着全球气候变暖，极端暴雨和风暴潮频繁发生，对城市产生了新的威胁。为此，鹿特丹的城市决策者和设计机构共同制定了一系列弹性适应策略。得益于多年积累的有效防洪设施，面对气候变化和新时代背景，鹿特丹开始了新的城市建设转型。当许多城市刚在气候变化中惊醒，鹿特丹已经在强大的防御工事后面开启后风暴潮时代。

本章将对鹿特丹的弹性建设历程进行回顾，并着重研究目前已经建成的景观项目。通过鹿特丹的案例研究，一方面能够学习鹿特丹多年的治水经验，另外一方面也能了解鹿特丹应对气候变化和风暴潮的新举措。

7.1　鹿特丹与风暴潮

7.1.1　鹿特丹概况

荷兰(Netherlands)在荷兰语中意为“低洼之地”，因其国土一半以上低于海平面而得名。欧洲三大著名河流莱茵河(Rhine River)、默兹河(Meuse River)、斯海尔德河(Scheldt River)都在荷兰汇入海洋，在此形成了一个独特的三角洲。13 世纪以来荷兰共围垦 7 100 多 km^2 的土地，相当于荷兰陆地面积的 1/5，如今荷兰国土的 18%来自填海造地。而在这多个世纪中，荷兰人面临堤坝坍塌、洪水肆虐、水土流失等多种问题，逐渐形成与水相处的智慧。

鹿特丹是荷兰的第二大城市，欧洲第一大港口，位于荷兰的南荷兰省，Nieuwe Maas 河畔，其占地面积 319 km^2，人口 62.4 万。鹿特丹被称为“水城”，其名称中“Rotte”指市中心流入 Nieuwe Maas 河的鹿特河，而“Dam”来自大坝的荷兰词。1260 年当地居民在母亲河鹿特河上修建大坝，此地从此才命名为“鹿特丹”。可见鹿特丹天然与水有着密切的联系(图 7-1)。

图 7-1　鹿特丹鸟瞰

资料来源:RAS

7.1.2　鹿特丹面临风暴潮的脆弱性

荷兰的历史是一部与风暴潮斗争的历史,自公元 1200 年以来荷兰共遭遇过 20 次灾难性的风暴潮灾害。其中,1953 年的特大风暴潮导致 187 km 的防洪堤被冲垮,50 万英亩的土地被淹没,1 835 人丧生,72 000 人背井离乡,3 000 座房屋倒塌,4 000 座房屋遭受破坏,全国 9%的农田被淹,损失高达 5 亿美元。在这样的一部血泪史里,鹿特丹逐渐形成了特有的防洪系统。

鹿特丹由一套大坝系统所保护,该大坝系统包括海岸边的沙丘海堤和沿河的大坝,同时还有多个可以开合的防洪闸,如 Maeslant 防洪闸、Hartel 和 Hollandsche IJssel 防洪闸(图 7-2)。马仕朗防洪闸(Maeslant Storm Surge Barrier)是三角洲工程的最后一个项目,耗资 9 亿美元,其尺度相当于埃菲尔铁塔,可以在水位线高于 3 m 时关闭,保护大部分陆地不被淹没(图 7-3)。鹿特丹是世界上防洪等级最高的城市之一,从 Meuse 北岸地区的 1 000 年一遇标准到 IJsselmonde 地区的 4 000 年一遇标准(图 7-4)。鹿特丹的大坝系统不仅作为一个防洪设施而存在,它在城市里也扮演着多种角色,并融入城市的肌理当中。在过去的 100 年里,荷兰的海平面上升了 20 cm,这对位于海平面下 6 m 的鹿特丹带来了不小的影响,近年来极端降雨、城市内涝、盐水入侵等时有发生。如今,40 000 人居住在坝外地区,更有数以万计的人居住在水岸周围。而 Meuse 河沿岸经济发达，如果发生风暴潮灾害将产生巨大的影响。

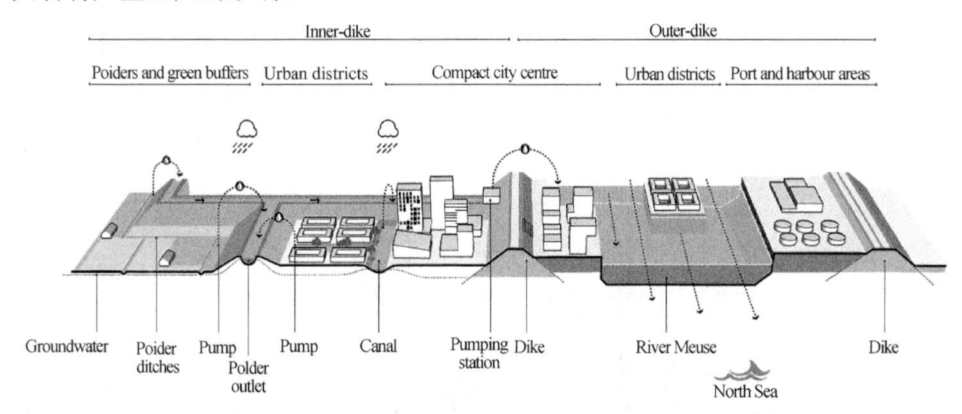

图 7-2 鹿特丹防洪系统

资料来源：RAS

图 7-3 马仕朗防洪闸

资料来源：Wikipedia

根据荷兰皇家气候协会(Royal Meteorological Institute of the Netherlands)在 2006 年的预测，到 2100 年，基于较快的气候变暖速率，海平面将上升 35 cm 到 85 cm，河流流量将从当前的 16 000 m/s 增长至 18 000 m/s，而如果海平面上升 60 cm，坝外的许多地方的洪水频率将从 50 年一遇变成一年一遇(图 7-5)。马仕朗大坝也将每年都需要关闭一次，而目前的关闭频率则为 20 年一次。而如果海平面上升超过 50 cm，马仕朗大坝也将无法满足需求而只能被替换，在较快的气候变

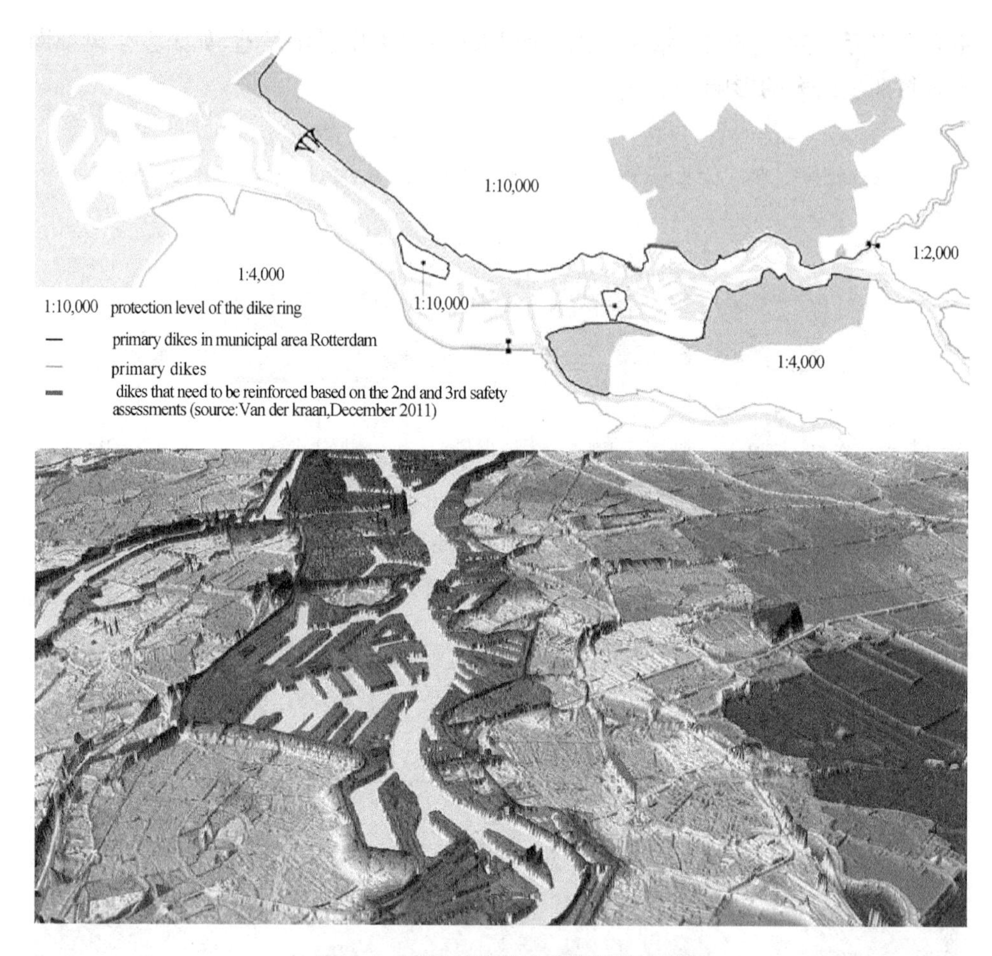

图 7-4 鹿特丹当前防洪等级及地形图

资料来源：RAS

化下，这将发生在 2070 年。坝内地区虽然相对比较安全，但未来也面临加高的需求，如在 2050 年前，沿着荷兰湾(Hook of Holland)、Maasboulevard 和 Merwe-Vierhavens 的大坝都需要加固，预计到 2100 年，现存的大坝系统将不再有效，同时鹿特丹的大坝系统已经和城市肌理紧密交织，单纯增高和扩大坝体而不破坏城市活力变得非常有挑战。

随着气候变暖，温度每上升 1 ℃，降雨强度将上升 14%，到 21 世纪中叶，鹿特丹高强度的降水将从当前的五年一次增加为一年一次。海平面的上升和更加频繁的风暴潮将带来更加严峻的盐潮入侵，这将意味着城市用水将更加紧张。根据三角洲计划的研究，到 2050 年，Randstad 西南地区的淡水供给将出现危机。而为了维持城市内河流的水位，只有通过引入海(盐)水才能维持正常的通航，但同时也将

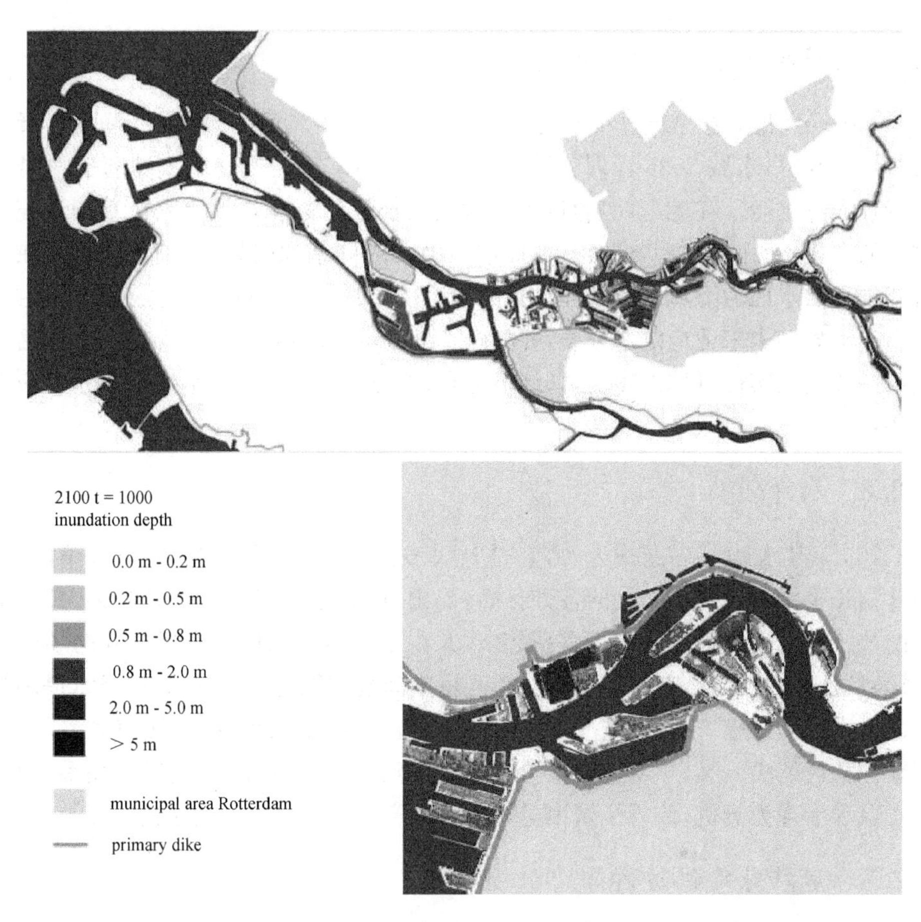

图 7-5　2100 年 1000 年一遇洪泛区地图及市中心放大图

资料来源：Deltares

带来严重的有害物质沉积以及对生态系统的破坏。

7.2　鹿特丹弹性城市建设历程与弹性策略

鹿特丹虽然地势低洼且面临海平面上升的直接威胁，但由于其完善强健的洪水防御体系，成为世界上最安全的河口城市之一。近几十年来气候变化越来越剧烈，极端天气越来越频繁，给鹿特丹带来新的压力与挑战。因此鹿特丹从未停止对"水"的研究，在各个时间段，应对不同的问题和情势，出台了相应的计划和策略。从中能够看出鹿特丹对于水的态度在发生转变，对于气候变化的态度也在转变，同时在新的社会和经济背景下其弹性措施和实施主体也在发生转变。

7.2.1 鹿特丹水城2035计划

2005年,鹿特丹建筑双年展的主题为"洪水",鹿特丹市区域水务局在会展上发布了"鹿特丹水城2035计划"(Rotterdam Water City 2035),该计划被誉为城市水管理的分水岭。在此之前,鹿特丹应对洪水都采用修建堤坝等灰色基础设施的"挡"的方式,而在此之后,鹿特丹更加重视洪水的储蓄和引导,特别是探索了在极端降雨和洪水压力下城市储蓄和排涝的模型。该计划的目标是通过将水管理融入城市空间规划中来适应洪水侵袭,并构建了2035年规划模型。而目前鹿特丹已经按照此计划在实行具体的项目,如绿色屋顶、漂浮街道、地下水循环线、雨水适应性生态场地等。

7.2.2 水计划2

2007年"水计划2"正式生效,它是"鹿特丹水城2035"计划的官方政策规范。该计划几乎涵盖了与水相关的各方各面,如雨洪、洪水防御和水治理框架,并将空间的数量和所需水资源的水量联系起来,并规定在城市郊区所有新开发的场地都必须建造雨水缓冲区,在老城区也必须利用空间规划综合使用水治理方法,提出相应的雨水储蓄措施。"水计划2"提出三种策略:改善水系统、提高城市质量、实施创新和替代解决方案。"水计划2"的发布转变了"洪水治理"与城市的关系,使鹿特丹以水治理为契机,改善了城市景观,增加了城市活力,并推动了公众参与。

7.2.3 鹿特丹气候防御计划

2008年,面对日益严峻的全球气候变暖,鹿特丹制定了针对气候变化的城市发展战略鹿特丹气候防御计划(Rotterdam Climate Proof Adaptation Strategy),计划制定了到2025年鹿特丹将建成100%气候安全城市的目标。同时,该计划将气候变化视为机遇,将城市空间开发和气候适应性建设融为一体,并增加城市活力和经济机会。该计划从三方面开展工作:关于气候的研究,措施与实践,以及全球化的联系,并在三方面取得一定的成果,如开发鹿特丹气候游戏以增加公众参与,绘制多地的洪泛区地图,建成和开始一系列绿色屋顶、水广场和漂浮社区项目,并举办一系列国际会议。

7.2.4 鹿特丹气候变化适应性战略

2013年,鹿特丹气候适应性战略(Rotterdam Climate Change Adaptive Strategy,简称RAS)是比较全面的审视气候变化下弹性城市建设的战略文件,也是将"水计划2"和鹿特丹气候防御计划落实到具体策略上的文件。该战略分析了气候变化导致的高水位、强降雨、干旱和高温对于城市的影响，并分区域从坝内地区、坝外地区、港口、市中心、战后地区和 Stadshavens 港区分别提出策略和愿景。该战略以四个方面为基础：(1)维持和强化现有的气候防御设施，如大坝、防洪闸、运河湖泊等；(2)利用整个城市环境来适应气候变化；(3)与城市其他项目协同工作并紧密联系；(4)为环境、社会、经济和生态增加价值。

7.2.5　鹿特丹弹性策略

2016 年，在新的气候变化和时代背景下，鹿特丹颁布了鹿特丹弹性策略(Rotterdam Resilience Strategy)，提出除气候变化外，应当更加全面地应对城市面临的压力，城市需要在政府、社会和经济基础设施上应对各种未知的变化并快速恢复到之前状态。策略共提出 7 个目标和 68 个措施，其中对于气候适应，鹿特丹并不完全依赖灰色基础设施，其弹性策略更加强调灰色基础设施和绿色基础设施的融合。同时，小尺度的项目将替代大型项目成为建设的核心。该策略强调多主体的参与，相对于过去政府主导的方式，未来的策略是调动市民、企业、NGO 等所有社会力量，共同开发公共以及私有空间。

7.3　鹿特丹弹性景观基础设施建设

7.3.1　水广场

气候变化影响下的风暴潮来袭，带来大量的降雨，给高密度城区带来巨大的威胁，从 1910 到 2009 年，荷兰的年降雨量增加了 25%，极端降雨发生的天数增加了 85%。而在所有的荷兰城市里，鹿特丹所受影响最大，因为她没有像阿姆斯特丹那么发达的运河系统，却有大面积的不透水地面。目前鹿特丹的市政管网系统已经超负荷运转，在极端暴雨天气，街道只能负荷被淹 20 min，因此在地势较低的车站入口、地铁等地方内涝常有发生，并伴发未经处理的雨水流入 Meuse 河，造成污染。据政府计算，到 2050 年，鹿特丹每年需要向外排出 750 000 m^3 的降水量，相当于 94 hm^2 湖泊的容量①。传统的应对模式是加大下水管网的建设来缓解雨水压力，而这在新的时代背景下缺乏足够的资金很难由政府机构统一大力推行。同时，该类设施的建设对于公共空间品质的提升没有帮助，而且花费大量资金以应对偶然性的降雨事件也并不经济。在鹿特丹市区，更是缺乏空间来建设新的雨水设施，因此急需一种新的结合原有公共空间的经济有效的雨水管理模式。

---

① http://www.urbanisten.nl/wp/wp-content/uploads/publication_UB_Topos_2015.pdf

“水广场”的概念最初在2005年第二届鹿特丹国际建筑双年展上由荷兰设计机构De Urbanisten提出，之后De Urbanisten在2006—2007年间进行了一系列类型学和设计试点研究，最终形成一种比较成熟的复合空间利用模式。水广场适应高密度的城市空间，可根据周围环境、空间尺度、空间类型和雨洪条件进行变化以满足不同的需求。

水广场的主要特点是雨水管理和公共活动空间的兼顾。在大多数情况下，广场处于干燥状态，可以满足市民的日常活动需求，如体育活动和观演、休憩等；而在暴雨天气，水广场可以作为雨水滞留池，收集周边汇水。水广场通过灵活的高差设计，可以在同一次降水中随着时间的变化产生不同的淹没区域的变化，呈现不同的功能和景观效果，人们可以直观地了解降雨强度并知晓潜在的洪涝威胁，同时城市对于雨洪管控的投入也更加为人们直观看到(图7-6)。水广场作为鹿特丹的创造，在2007年被列入鹿特丹“水计划2”，正式成为城市水资源管理的官方策略。

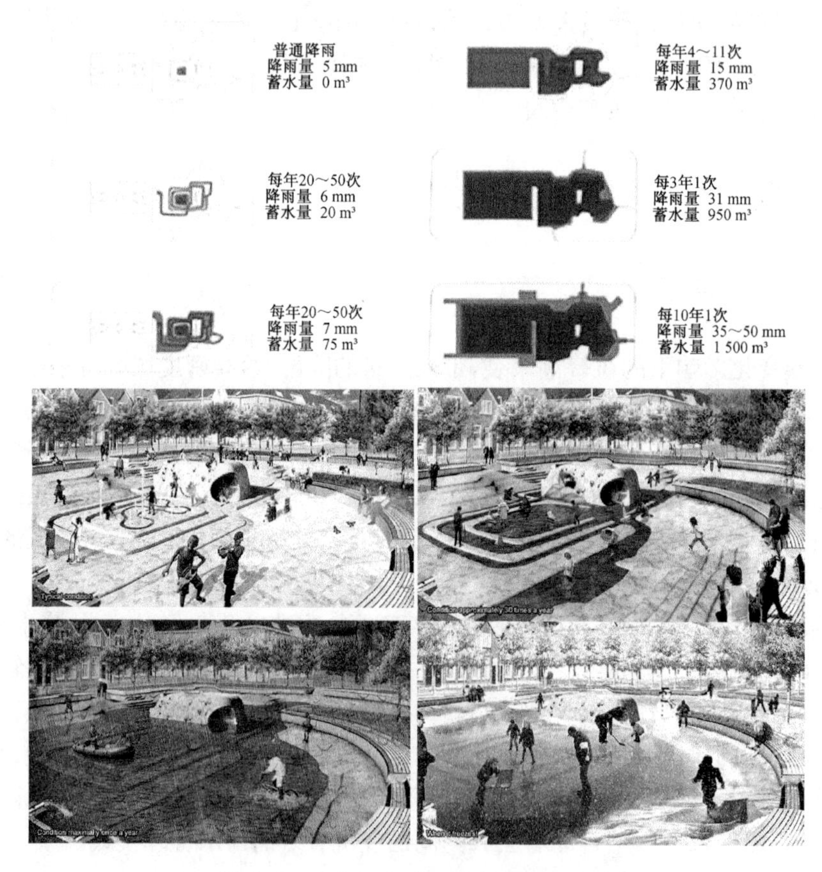

图7-6 水广场应对不同降雨强度的模型

资料来源：De Urbanisten

7.3.1.1 Benthemplein 水广场

Benthemplein 水广场位于鹿特丹中央火车站附近，靠近市中心，占地面积 9 000 m^2，由鹿特丹政府、鹿特丹气候行动计划(Rotterdam Climate Initiative)委托，总投资约 200 万欧元，由 De Urbanisten 设计，于 2013 年 12 月建成并向公众开放。作为"水计划 2"的第一个完成项目，获得荷兰国家水资源创意奖及 2014 年国际绿色科技特别奖，投入使用以来受到国际关注和好评。

Benthemplein 水广场原本是水泥铺面的开放广场，由于缺乏有效的排水设施，每当暴雨来袭该地都面临严重的内涝问题，影响交通和市民活动。且场地周围被高校、教堂、剧院和体育俱乐部环绕，人员活动密集却缺乏高品质的开放空间。水广场的设计理念恰好符合该场地的需求(图 7-7)。

图 7-7 Benthemplein 水广场鸟瞰与平面图

资料来源：De Urbanisten

(1) 无雨时作为公共活动空间。水广场由三个不同高差的下沉广场组成，最浅的一个下沉广场由具有坡度的地面和矮墙组成，可以为年轻人提供各种轮滑运动的场地；第二个较浅的下沉广场中间有一个凸起的舞台，可以举行各类表演活动；最深的一个下沉广场位于场地中间，是足球、篮球、排球等球类运动的混合场地，球场边缘设置多级台阶与地面衔接，也可以作为人们观看比赛的座位。水广场的使用人群以周围社区的居民和来自附近高校和体育俱乐部的年轻人为主，他们在这里经常举办各类球赛、轮滑比赛以及各类音乐和舞台剧演出，使水广场充满了活力。大量的活动也吸引了路人驻足观看，使水广场成为城市一处具有吸引力的开放空间(图 7-8)。

(2) 有雨时作为雨水滞留池。在遇到较小的降雨量时，水广场东侧建筑屋顶和西侧停车场的雨水会沿着地面的不锈钢水槽流入深度较浅的第一个下沉广场；与此同时，小教堂屋顶和水广场北侧的地表水将汇集后沿着不锈钢水槽流入第二个下沉广场。此时，广场中央最深的广场并没有被水淹没，可以继续发挥公共场地的功能。而在降雨的过程中，人们可以直观地看到不锈钢水槽的汇流过程以及下

图 7-8 第一、第二和第三个下沉广场

资料来源:De Urbanisten

沉广场慢慢被淹的过程,直面城市水问题并将其可视化。当遭遇到较大的降雨量时,周围学校教学楼屋顶的雨水会通过建筑内部的排水系统被收集并汇入第三个下沉广场旁的水箱中,当水量超过水箱的一定容量时就会被排到最深的下沉广场中(图 7-9)。直至三个广场均被雨水淹没,它们收集周围地面和建筑的汇水,减少了对市政管网的压力。水广场最多可以储存 1 700 m^3 雨水,其中第一个下沉广场可储存 350 m^3,第二下沉广场可储存 95 m^3,最深的下沉广场可储存 1 150 m^3,另外下沉广场周边的渗透区域可容纳 95 m^3 雨水。

(3) 雨水设施同时也作为景观元素。除了三个下沉广场,还有一系列设施帮助完成雨水的收集。其中广场周围的不锈钢水槽是雨水传输的核心设施。在雨水汇入广场之前,先由屋顶和地面的开放场地收集汇入地下管道,经过雨水井的过滤后,再经由不锈钢水槽汇入下沉广场。不同于传统的雨水管道,不锈钢水槽开放在场地之上,人们可以直观地看到雨水汇集过程,对雨洪管理加深理解,同时也构成了独特的水景(图 7-10)。而当无雨时,水槽也能变成极限运动的场地,深受年轻

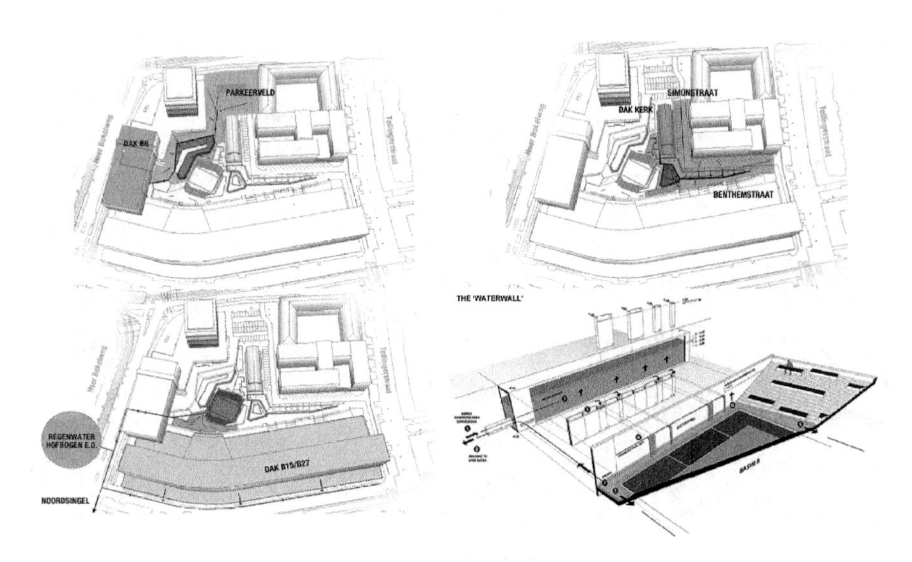

图 7-9 广场汇水过程及水箱结构

资料来源:De Urbanisten

人喜爱。雨水井除了过滤雨水,也能增高水压,从而使水从地下涌入不锈钢水槽,并形成涌动的喷泉。最深的下沉广场旁边还有一处水墙,来自周边的雨水首先汇入下沉广场旁边的水箱,当水位达到一定高度时将从水墙上流出形成水幕效果,形成独特的景观。

图 7-10 开放式不锈钢水槽和水墙

资料来源:De Urbanisten

(4) 雨后排出蓄水恢复活动。降雨结束后,水广场存蓄的雨水将被逐渐排出,两个较浅的下沉广场的水将自然下渗补充地下水,从而帮助维持当地的地下水位并应对干旱情况;最深的下沉广场由管道汇集引流到临近的 Noordsigel 运河中,出于卫生和健康的考虑,其储蓄的水最多储存 36 h。排出蓄水之后的广场又恢复平时的活动,变成城市开放空间(图 7-11)。

图 7-11　雨后场景

资料来源:De Urbanisten

在公众参与方面,水广场所在 Agniese 社区的居民、附近高校的师生以及教堂的成员代表参与了项目设计建设的全过程。在规划设计阶段,由公众和设计团队组成设计工作坊,多次讨论下沉广场的位置、形式、功能等,充分反映了使用者的意愿,满足其实际需求。在公众参与过程中,公众更加了解气候变化对城市的影响以及城市对于雨洪所采取的措施,而水广场在建成后也能得到更好的使用率和认可度。

7.3.1.2　Bellamyplein 水广场

Bellamyplein 水广场位于 Spangen 街区,该街区几乎没有开放性水体,但有相对较多的硬质铺装。Bellamyplein 是该街区最低的地方之一,因此在暴雨天气内涝经常发生。在新的设计中,一个水广场将用于实现雨水的储蓄,并通过一种公众可见的方式。

Bellamyplein 水广场占地面积 0.55 hm^2,建成于 2012 年,是较 Benthemplein 水广场更早的实践(图 7-12)。由 Rik de Nooijer, dS+V Rotterdam 设计,可容纳 750 m^3 雨水,最高水位为 120 cm①。在场地的中心最低部位被设计成高低不同的铺装场地,周围被草坪和植被环绕。该区域周围街道的雨水通过道路旁的水渠汇集到场地周边,并通过场地内的几条主要道路排入下沉的铺装场地,这些园路在雨

① https://www.urbangreenbluegrids.com/projects/green-water-square-bellamyplein-rotterdam-the-netherlands/

天即变成了开放的水渠，人们可以看到周围雨水的流向，直观了解水广场的雨水汇集效果。同时中心场地的种植池上设置了标尺，可以显示汇水深度，让人们了解降雨量多少，提高人们对气候变化的警惕。而下沉广场周边的草坪和植被提供了休闲活动的场地并增加了生物多样性，草坪上开辟道路，从各个方向连接外部场地和下沉广场。

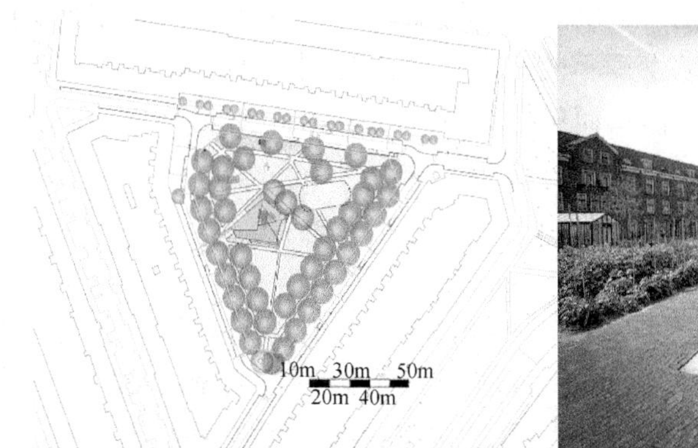

图 7-12 Bellamyplein 水广场总平面图

资料来源：dS+V Rotterdam

Bellamyplein 水广场的设计相对简单，是鹿特丹一系列水广场的前身，其主要贡献在于转变了雨洪管理的思路，将水从一个威胁性的因素转变成人们身边的伙伴，让水的治理能直观地被人们看到，了解城市面临"水"问题，同时也能将"水"转化成活跃的景观要素。如图 7-13 所示，在较大的降雨时，下沉的铺装广场已经被水淹没，但鹿特丹人欣然接受并放起了小黄鸭，广场变成了儿童的游乐园。

图 7-13 下雨时的下沉广场和道路

资料来源：dS+V Rotterdam

7.3.1.3 水广场总结

水广场作为鹿特丹的首创，代表了鹿特丹在新时代背景下弹性景观建设的核心理念。首先，水广场将洪水的概念重新解读，把原来威胁城市安全的灾害变成了日常生活中的朋友。人们可以与洪水共存，当雨洪发生时，水广场储蓄雨水，变成了新的景观形式，并被人们重新利用，做到将外在干扰化作设计的一部分。其次，水广场体现了景观基础设施的动态适应性，它能够适应不同的情景，可以根据不同的降雨量形成不同的景观效果并发挥不同的功能。再次，水广场促进了很好的公众参与，一方面公众全程参与设计，从而更好地体现使用者需求，另一方面通过直观展示雨洪变化，警醒人们气候变化的来临。

7.3.2 绿色屋顶

鹿特丹城市屋顶占地表不透水表面的 40%～50%[①]，因此它在城市水管理中具有非常重要的地位。绿色屋顶的建设不占用新的场地，对于高密度的城区具有很好的利用价值。绿色屋顶能够吸收雨水，减缓雨水径流速度，从而减轻对城市雨水管网的压力，特别是在雨水高峰时通过缓慢释放雨水错峰排放；还能起到建筑降温保温(比传统屋顶节能 75%[②])、净化空气等多种生态作用。大规模的绿色屋顶有助于应对气候变化以及风暴潮带来的极端降雨，也能为城市塑造新的面貌，为居民提供良好的活动场所。

第二次世界大战后，从港口附近的低层住宅到市中心的高楼大厦，鹿特丹在城市建设中大量使用平屋顶，鹿特丹的平屋顶面积总计达到了 14.5 km^2，这些屋顶无论大小、平坦，还是略带斜坡，都为鹿特丹的绿色屋顶建设提供了巨大的潜力和可能性(图 7-14)。

2008 年 1 月，鹿特丹的第一个绿色屋顶在市档案馆上建成，截至 2019 年，鹿特丹已经建成 36 万 m^2 的绿色屋顶[③]。而绿色屋顶项目的目标是在 2030 年前建成 80 万 m^2，其中公共建筑的覆盖率达到 50%。为了实现这一目标，鹿特丹通过多种途径推动绿色屋顶项目的实施。在政策方面，鹿特丹强制要求市政府、图书馆、档案馆等公共建筑必须建造或新增绿色屋顶，而新建的建筑也必须配备绿色屋

① Dunnett N P, Kingsbury N. Planting green roofs and living walls[M]. Portland: Timber Press, 2004.

② Liu K, Baskaran B. Thermal performance of green roofs through field evaluation—Ottawa[R]. Ottawa (Canada): National Research Council Canada, Institute for Research in Construction, Report number: NRCC-46412.

③ http://www.rotterdamclimateinitiative.nl/nl/nieuws/nieuwsberichten/200-000-m2-groenedaken-in-rotterdam?news_id=2158

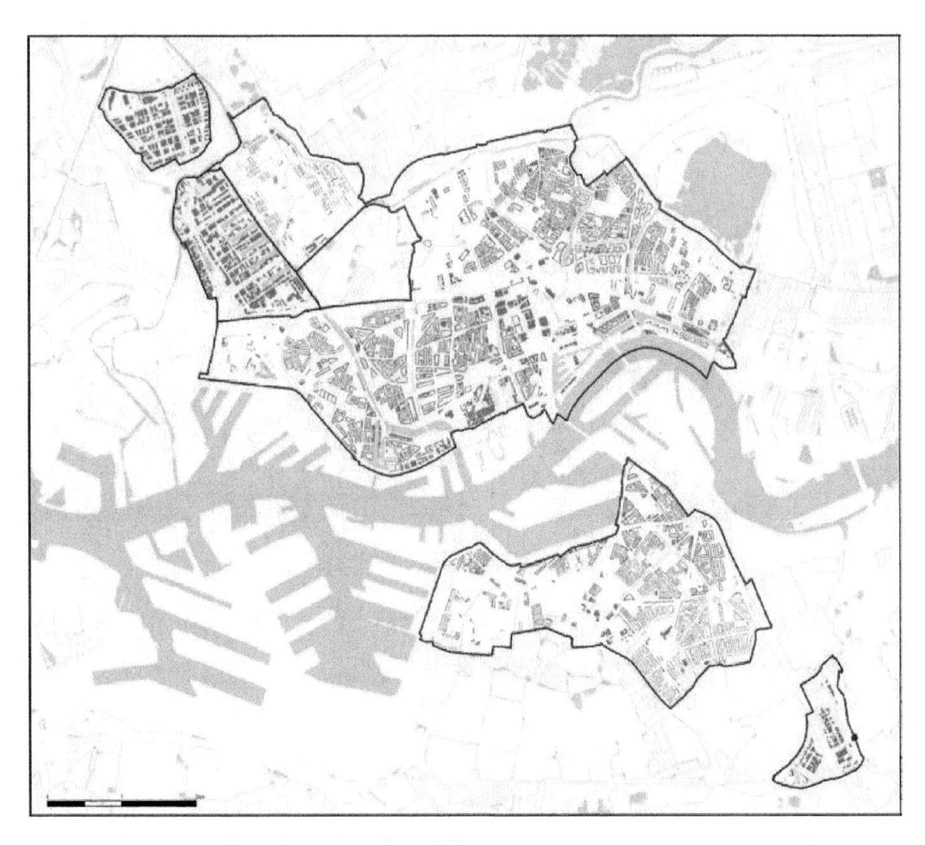

图 7-14 鹿特丹潜在可作为绿色屋顶的建筑平面图

资料来源:Gemeente Rotterdam

顶;为了鼓励私人住宅安装绿色屋顶,鹿特丹从 2008 年起为建造者提供 30 欧元/m^2的补贴。

7.3.2.1 Dakakker 空中农场

Dakakker 空中农场是荷兰第一个也是最大型的可收获的绿色屋顶。Dakakker 位于鹿特丹中央车站附近的一个办公大楼 Schieblock 上,高度为 20 m,面积 1 000 m^2,建成于 2012 年(图 7-15)。作为绿色屋顶可能性探讨的实验项目,Dakakker 在鹿特丹环境中心(Rotterdam Centre for the Environment)的协助下建造,并以 ZUS 公司的设计方案为基础来实施。

鹿特丹 20 m 高空的气候类似于地中海气候,非常干燥且多风,在项目建设之初,农场通过多种实验来筛选合适的植物。最终,许多草药(薄荷、马鞭草、薰衣草)、块根(洋蓟、红甜菜、胡萝卜、萝卜)、调味类蔬菜(洋葱、韭菜、大蒜)和强壮的植物(如西葫芦、黄瓜和南瓜)被选择进行栽植。

图 7-15　Dakakker 屋顶农场

资料来源：Amar Sjauw EnWa

空中农场也是一个新型的蜜蜂养殖基地。农场一开始养蜂是出于经济考虑，后来人们渐渐把养蜂当成了一种爱好，吸引了许多人前来参加，因为在密集城市里能够养蜂的场地非常稀缺。而在屋顶养蜂面临诸多新的问题，如深色屋顶在夏天温度可能上升到 80 ℃，因此需要综合统筹灌溉和绿化来降低温度。

农场配备了先进的智能灌溉系统，实时连接天气预报，可以提前 12 h 知道雨水的到来，因此可以事先排空雨水储蓄罐来灌溉土壤，并为新的降雨提供储存空间。而这一切可以通过手机 APP 远程监管(图 7-16)。

另外，空中农场还提供参观服务，并能够向外租借活动场地，甚至能够向周边的餐厅配送新鲜蔬菜，这也带来了额外的收入。

7.3.2.2　ZoHo 圩田屋顶

圩田屋顶(Polder Roof)的概念来源于荷兰当地的圩田，圩田通过土堤围合以控制水量，从而适应作物不同的生长需求。圩田屋顶则沿用了相似的原理，它包含一套围挡系统以及一个智能流量控制装置。围挡系统通过堤坝将屋顶围合成不同的地块，从而可以使地块间具有不同的水位高度；智能流量控制装置可以检测水位高度以及蒸发量，并且可以通过手机等设备监控。

项目位于 ZoHo 弹性街区，Katshoek 停车场的上方(图 7-17)。目前停车场的使用率很低，因此会经常被各类活动占据，如露天影院、聚会和户外餐饮等。因此，将场地转型，变成集雨水收集、城市农业、休闲娱乐于一体的综合绿色屋顶项目具有很大的现实意义。

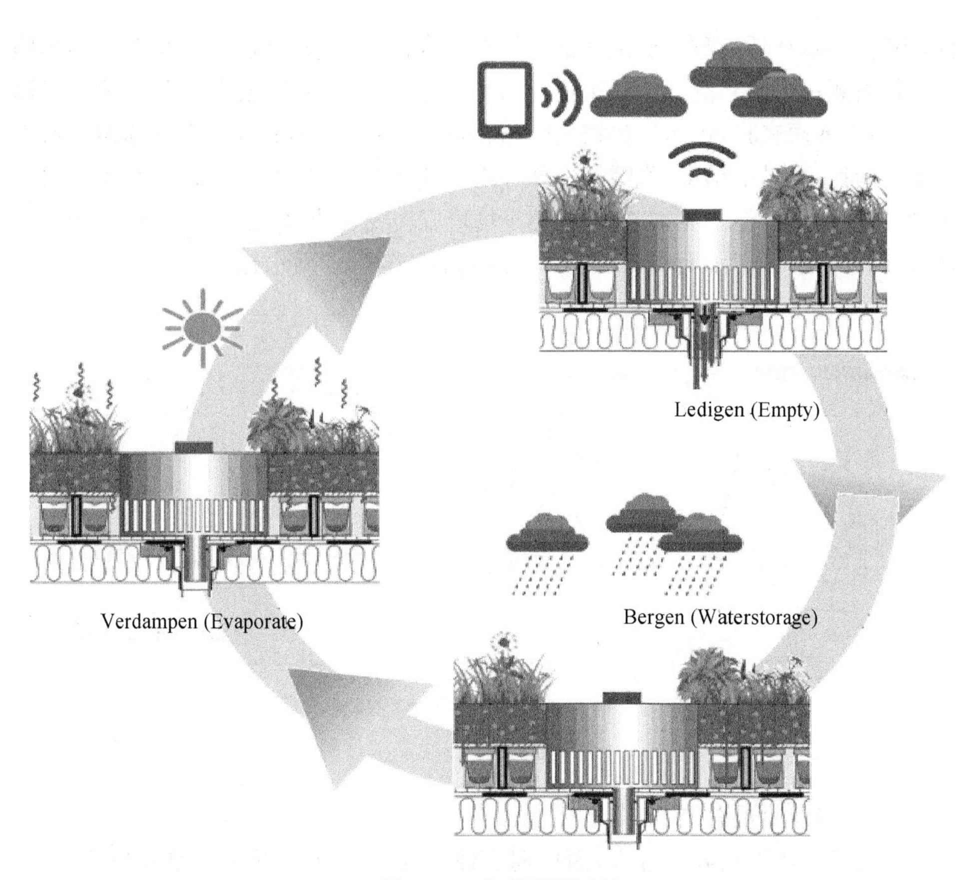

图 7-16 智能灌溉系统

资料来源:Dakakker. nl

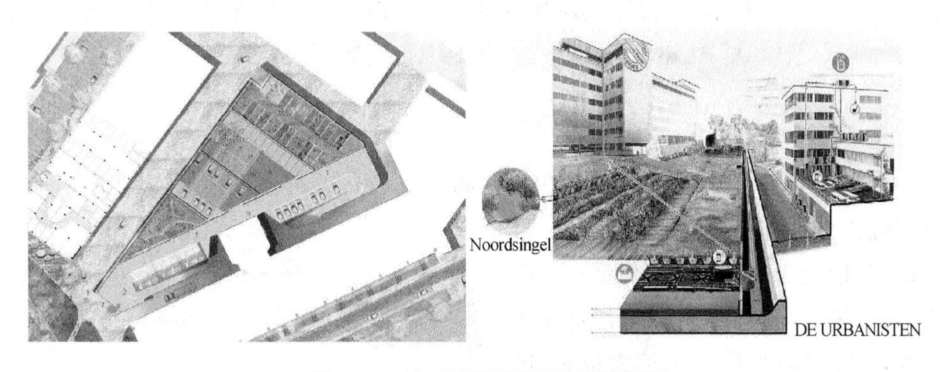

图 7-17 圩田屋顶平面及剖透视图

资料来源:De Urbanisten

屋顶被围栏分隔成三个区块,两边的区块做成屋顶花园,种植观赏植物和作物,中间的地块保留停车,满足日常的停车需求。在一般天气下,屋顶花园利用储水进行灌溉;在较小降雨时,周边建筑的汇水流入两块屋顶花园,中间的停车场继续开放;当暴雨来临,停车场将被关闭,阀门打开,从屋顶花园满溢的雨水继续流入停车场储存;当暴雨结束,除截留一部分雨水用于灌溉,停车场的蓄水被排入雨水管网,恢复停车功能。在特殊时节,停车场可以转变功能,如变成露天餐厅、聚会场地、影院等。项目汇水面积 5 570 m^2,能够储蓄 365 m^3 雨水(图 7-18)。

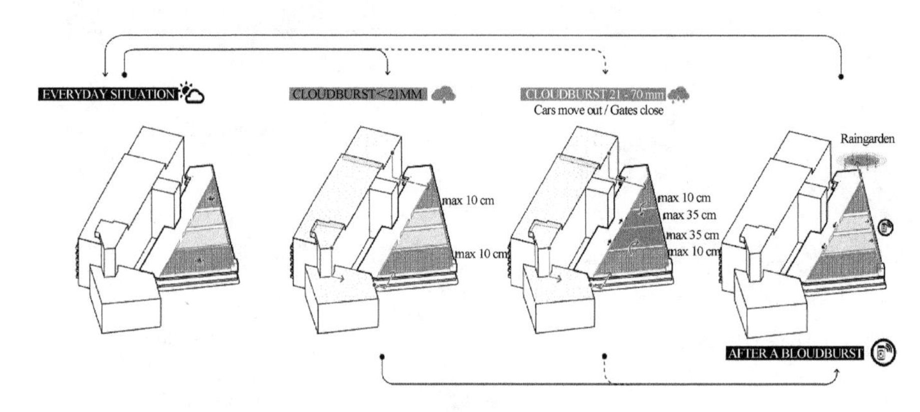

图 7-18　圩田屋顶水管系统

资料来源:De Urbanisten

7.3.2.3　绿色屋顶总结

鹿特丹城市用地高度开发,因此向立体空间索要绿地以加强城市弹性建设。经过多年的发展,鹿特丹已经取得了较高的绿色屋顶覆盖率。同时其绿色屋顶不满足于单纯的绿化和雨水截留功能,实现了向功能复合性转变,其中包括复合城市农业、公共活动、停车等,使绿色屋顶的价值尽可能开发。另外,鹿特丹通过与当地传统治水智慧(如圩田)相结合,形成具有地域特色的屋顶景观。

7.3.3　多功能堤坝

为了应对气候变化和更加剧烈的风暴潮,鹿特丹的许多坝体都需要加高,而这将面临诸多困难。首先大坝犹如一座冰山,其地面部分只占总体量的一小部分,如果加高坝体,而坡度若要保持不变,则需要将大坝水平扩大很多,这将意味着巨大的工程量以及对城市肌理的破坏。另外,金融危机对鹿特丹的建设部门产生了非常巨大的影响,

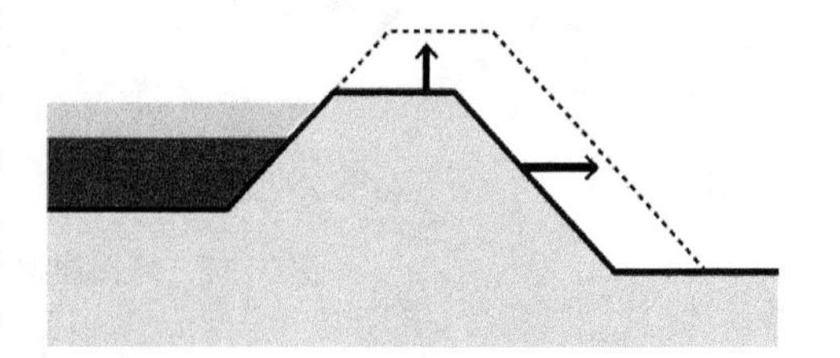

图 7-19　大坝加高前后对比

资料来源:RAS

而维护和抬升坝体需要巨大的资金投入(图 7-19)。随着多年的城市建设,许多地方的大坝已经与高密度开发的街区融为一体,加高坝体产生的拆迁重建将进一步增加投入。

如今,鹿特丹的堤坝系统已经成为城市密不可分的一部分,为了应对气候变化和风暴潮,大坝的加固和维护也将绿色基础设施融合在内,将大坝变成融合公园、花园以及自行车道等的环城绿道,从而提高大坝的附加价值,刺激周边城市发展。堤坝的加固工程事先与其他空间规划项目整合,从而能够减少经费投入并激发空间活力和创造力。鹿特丹多段堤坝的强化和提升也结合在城市更新当中,如Boompjes 地区的更新是将堤坝纳入滨河空间,形成具有吸引力的水岸空间(图 7-20)。而 Wetzeedijk 地区通过将自行车道提高,与大坝融为一体,将大坝转为公共活动的绿道(图 7-21)。

图 7-20　Boompjes 段大坝

资料来源:RAS

图 7-21　Wetzeedijk 段大坝

资料来源:RAS

7.3.3.1 Vierhavenstrip 屋顶公园

Vierhavenstrip 屋顶公园位于 Delfshaven 和 Stadshaven 交界处距离市中心不远的细长无人区。由鹿特丹市政府委托，Buro Sant en Co 景观设计事务所设计。公园建成于 2013 年，长 1 000 m、宽 80 m(面积 80 000 m^2)，是欧洲最大的屋顶花园。该项目整合了办公空间、商店、学校和防洪堤，在鹿特丹最重要的一条道路“公园大道(Park Lane)”旁边形成了新的地标。该项目成为密集空间和多功能土地开发的典范，并为当地提供了优质的绿色空间，提高了社区活力。

屋顶公园与防洪堤融合成为一体，将原来分割空间的不利因素隐藏在设计中，并通过道路连接形成连贯的步行空间，在其上可以俯瞰城市景观。Delflandse 大坝是第 14 环大坝的一部分，保护着 Randstad 地区。原大坝独立存在，是空间上的巨大分割物，改造后将大坝与建筑通过屋顶公园结合，并增加大坝高度以适应海平面上升和风暴潮威胁(图 7-22)。

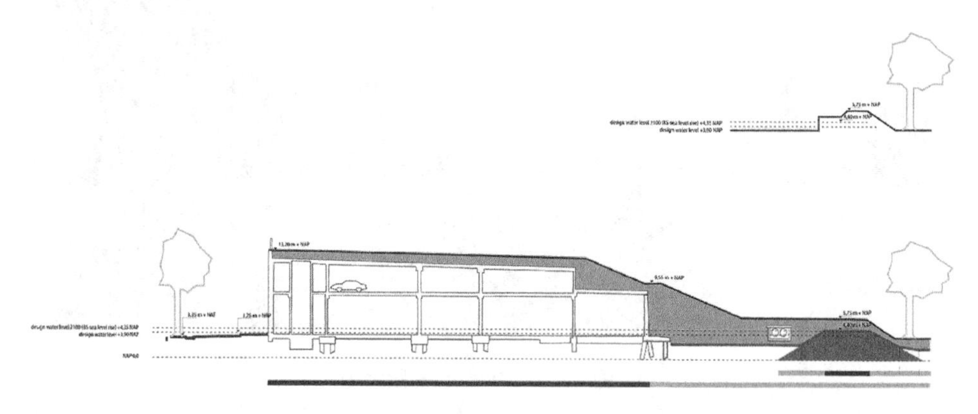

图 7-22 Vierhavenstrip 屋顶公园与大坝改造前后对比

资料来源：Peter Van Veelen

Vierhavenstrip 屋顶公园是混合了多种元素的综合性开发。公园位于一个商业建筑之上，距离地面 8 m，建筑汇集了场地的人气，创造了 600 多个新的岗位。建筑前面是一条市政道路，为商业空间提供便利的交通，但是在公园斜坡一侧被很好地隐藏而不可见(图 7-23)。

公园由三个花园组成，地中海花园、游乐场和邻里花园。地中海花园设有温室，位于主入口处，并连接屋顶和街道的高差。在街道上种植的棕榈树也一直延伸到屋顶公园。中央台阶与地中海花园相连，并经过特殊设计，结合跌水形成水景(图 7-24)。游乐场配备专门利用高度差异的游戏装置。邻里花园使用一个简单的布局，可以由居民参与完成。

公园通过“之”字形的设计语言，将道路与坡度很好地结合，使公园与周边社区

图 7-23 Vierhavenstrip 屋顶公园鸟瞰

资料来源:Buro Sant en Co

图 7-24 Vierhavenstrip 屋顶公园通过斜坡与街区相连

资料来源:Buro Sant en Co

紧密连接,具有很好的可达性。在日落和日出之间公园将关闭,并设有围栏和大门等边界,方便控制公园的使用,保证游客的安全。

公园由政府市政部门、水利局以及开发商共同出资,政府负责堤坝部分的建造和维护,而开发商负责商业开发和环境提升。这是一种双赢的合作,一方面能够为社区增加防洪安全和环境质量，另一方面也能够很好地提升地价(图 7-25)。

图 7-25　Vierhavenstrip 屋顶公园为社区增添活力

资料来源：Buro Sant en Co

7.3.3.2　Hilledijk 阶梯大坝

鹿特丹提出阶梯大坝(Terraced dike)的概念，阶梯大坝指抬高的、具有多层高差的能够服务于多种功能的大坝。这些阶梯可以用作道路、景观，甚至是建筑，但同时不影响大坝原有的防汛功能。由于阶梯大坝体量较传统大坝开阔，而两边被塑造成不同阶梯，因此不容易被人们发现，能够更好地融入城市肌理。相较于传统单一功能的大坝，阶梯大坝能够产生更多的价值，吸引更多的投资(图 7-26)。

Hilledijk 阶梯大坝位于 Afrikaander 和 Kop van Zuid 两个街区之间。多年以

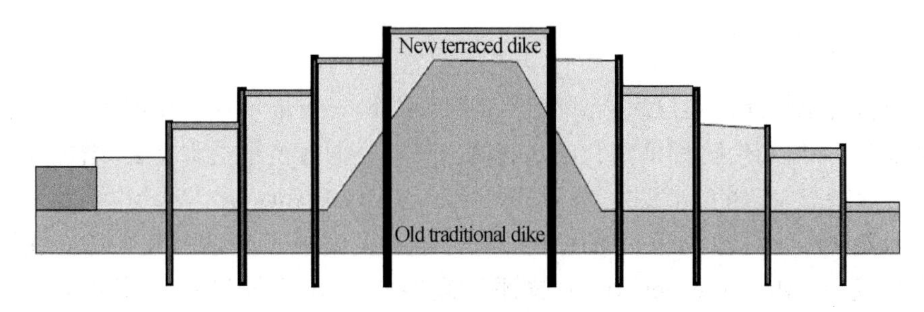

图 7-26 阶梯大坝改造前后对比

资料来源:DELTA Rotterdam

来,这块场地由于堤坝和铁路横跨其上,场地分割严重,周边产生许多消极空间,影响区域发展。而 Hilledijk 阶梯大坝的提出将改变这一现状,伴随着铁轨的转移,大坝将作为区域重新规划和发展的催化剂。

阶梯大坝柔和了两个街区之间的高差,并为一系列建筑的开发提供基础,建筑的入口与增加在原有大坝上的道路相连,具有很好的可达性,也使大坝更加融合在环境中而不易被察觉。另外一个重要的设计是大坝与建筑虽然在外观上紧密连接,但是大坝的结构和建筑分离,未来即使建筑被移除,大坝的结构也不会受到破坏。同时建筑也能起到强化堤坝的效果,强化后的大坝能够应对 100 年后海平面的上升情况,达到 4 000 年一遇防洪标准(图 7-27)。

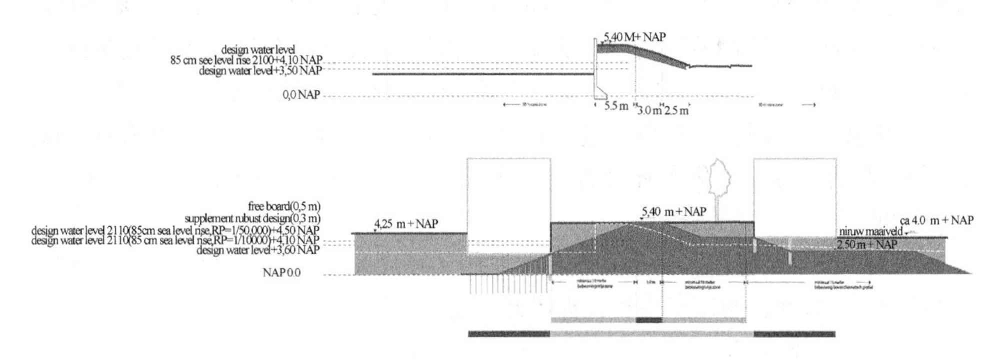

图 7-27 Hilledijk 大坝改造前后对比

资料来源:Peter Van Veelen

7.3.3.3 多功能堤坝总结

鹿特丹的大坝系统很大程度上构成了城市的空间格局,对城市产生非常重大的影响。鹿特丹借气候变化加固坝体的契机,重新将灰色基础设施景观化,并最大限度地与景观基础设施相融合,从而发挥更多的生态、休闲、美化等功能,并强化其防洪能力。而重新开发的大坝成为城市发展的催化剂,促进了周边空间的开发。

7.3.4 弹性街区

鹿特丹也将弹性建设渗透到街道和街区层面，一方面增加绿化覆盖率，增加树木和地被，并增加生物种植槽和雨水花园。另一方面替换不透水铺装，增加地面渗透率。鹿特丹发起的"铺装去，绿色来(Paving Out，Plants In)"活动也调动了市民的参与性，极大地提升了街道的弹性。如今鹿特丹建成了一系列气候适应性街道和弹性街区，如 Schieveenstraat 被评为鹿特丹最好的气候适应街道(Climate Street)，并在荷兰排前 20 名。还有像 ZoHo 街区，则以弹性建设而闻名，并以此激发了街道的活力。

Zomerhof 街区(简称 ZoHo)位于鹿特丹市中心中央车站旁，建成于第二次世界大战后，主要用于办公和教育。街区上方被一条已经废弃的铁路跨越，造成许多剩余空间，破坏了社区活力。另外许多建筑也被空置，整个街区较萧条。尽管开发商想对街区进行再开发，变成高档的居住区，但是这很难在短时间内转变。因此住房协会采取了以时间换空间的手法，先退一步，把十年时间还给街区，让其自由生长，并以鹿特丹气候变化适应性策略为契机，鼓励小企业的进驻，将街区转变为弹性街区。因此，ZoHo 弹性街区是鹿特丹气候变化适应性策略在街区尺度的实践。

如今，大量的公司和机构搬进了 ZoHo，主要是小规模的手工业、建筑、文化、艺术等企业，虽然缺少经费，但是这些企业具有高度的热情，希望通过弹性设计增加社区凝聚力和社区活力。如今 ZoHo 举办过多次工作营，参与者主要是当地的各个企业和机构，他们共同讨论分头研究，为 ZoHo 提出了多种气候适应性愿景，目前有一些已经实现，而另外一些正在推进。随着社区活力的增加，也诞生了更多的商业机会，越来越多的投资者进驻社区，政府也注意到了 ZoHo 的影响力，因此投下 10 万欧元用于绿化和环境改善。至此，ZoHo 成就了一次自下而上的变革(图 7-28)。

Benthemplein 水广场为 ZoHo 的弹性街区建设开启了序幕，弹性建设范围进一步扩展，一系列新的试点项目被提出并逐渐被实现。

• Katshoek 花园

Katshoek 花园所在场地原来是 Katshoek 楼前的线型铺装场地，占地面积 400 m^2。鹿特丹市政正打算在该地安装新的排污管道，正好借此机会完成地块的更新。

花园实行了"铺装去，绿色来"的理念，将硬质铺装转变为雨水花园。花园可以承接建筑表面渗流而下的雨水，通过粗糙的铺面材料减缓冲击，并慢慢渗入土壤补充地下水，过量的雨水通过汇流排放入市政管道。花园运用单元式的设计，每个单元由雨水砖、观赏草、多年生花卉和地被植物组成。花园采用了一种特殊的雨水

图 7-28 ZoHo 弹性街区总体设计

资料来源:De Urbanisten

砖,这种砖可以截留雨水并使其缓慢下渗到土壤中。雨水砖由公共空间设计师 Fien Dekker 设计,并由 VP Delta 公司资助(图 7-29)。

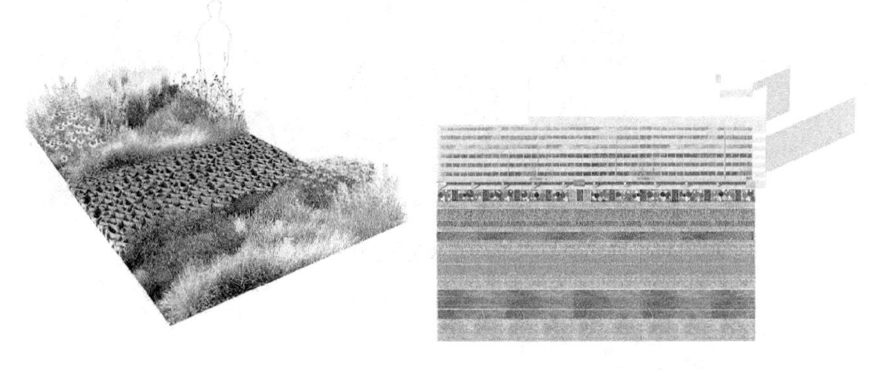

图 7-29 Katshoek 花园的单元及平面图

资料来源:De Urbanisten

• ZoHo 雨水花园

原基地是 ZoHo 入口处的一块硬质铺装场地,包括几个停车位和人行道,由于缺乏雨水管理措施,容易发生内涝,因此成为街区内的一块消极空间。

花园移除了两个车位,并去除了一段人行道的铺装,通过多种耐干旱和水湿的植物以及一条贯穿的汇水渠形成令人向往的雨水花园。花园同时也是一个零预算项目,通过各方面的合作和贡献完全自下而上完成。合作商 Van Dijk 免费提供铲除硬质铺装的工作,鹿特丹树木银行免费提供植物(每次市政项目的更新都会导致许多树木被移除,树木银行将这些树储存起来直到找到合适的项目和场地),道牙和汇水渠材料来自原场地被移除的铺装,De Urbanisten 事务所免费提供种植设计,社区居民完成植物的种植,NAS 社会工作组织免费负责花园的管理。

整个项目经过通力合作,在两天内全部完成。未来,花园将进一步优化延伸,变成一个集雨洪管理、休闲游乐和景观展示于一体的综合性花园(图 7-30)。

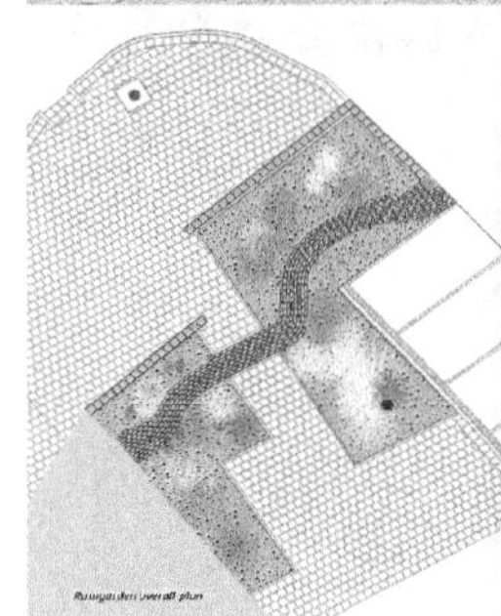

图 7-30　公众参与 ZoHo 雨水花园的建设及第二阶段效果图

资料来源:De Urbanisten

• 绿色 Hofbogen

Hofpleinlijn 高架桥跨越了整个 ZoHo 街区,对于街区风貌影响很大,但同时高架桥也象征着街区的历史。绿色 Hofbogen 项目希望将 Hofpleinlijn 高架桥进行改造，变成集立体绿化、雨水收集与再利用、公共设施于一体的弹性项目。高架桥在街区内的面积达到 6 833 m^2，每年能汇集 546 万 m^3 雨水。而桥下空间目前被开发成各种商业，建筑立面面积达 3 880 m^2，这给立体绿化和雨水收集提供了很大的潜力。项目以邮局段为改造试点，通过导管收集高架桥面的雨水，并储蓄在雨水桶中。雨水桶隐藏在座椅和种植池后，而座椅和种植池既能改善街面景观，又能给行人提供休憩的场所。雨水桶中的雨水可以缓慢释放，用以浇灌植物(图 7-31)。

图 7-31　Hofpleinlijn 高架桥改造前与改造后

资料来源：De Urbanisten

• ZoHo 雨水桶

Bas Sala 事务所是 ZoHo 的一家产品设计事务所，他们提出利用智能雨水桶来储存屋顶雨水并用来冲洗马桶的想法。项目通过连接手机 APP，并与城市天气预报系统关联，可以智能控制雨水桶开关，适时储存和排出雨水。

Bas Sala 的弹性设计也体现在一些诙谐幽默的细节上。如在社区的尽头，竖立着巨大的“ZOHO”字样，它不仅仅是一个标志物，同时也是一个雨水收集装置。在字体内部安装有雨水桶，雨水桶连接一条绵延 2 km 的导管，并通过导管收集被废弃的高架路上的雨水。当天气干燥时，字体底部的开关可以通过手机 APP 打开，从而释放雨水进行灌溉(图 7-32)。

7.3.5　浮动社区

鹿特丹是较早研究和实践漂浮建筑的城市之一，最早建成的漂浮建筑漂浮亭位于 Rijinhaven 港口，随后在该港口建成了一系列漂浮设施，形成了独特的风景。除了 Rijinhaven 港口，在 Nassau 海湾也相继进行了漂浮住宅的建设，在水码头(Aqua Dock)进行了漂浮农场和漂浮水处理站的建设。

图 7-32 ZOHO 字体样式的雨水储蓄罐

资料来源:Studio Bas Sala

• 漂浮亭(Floating Pavilion)

该建筑是鹿特丹第一个漂浮建筑,建成开放于 2010 年。漂浮亭由三个半球形空间组成,每个球体的直径在 18.5 m 到 24 m 之间,总面积为 1 104 m^2。为了减少能耗,建筑尽量采用自然的方式调节温度。圆顶是由三层极轻的乙烯-四氟乙烯(ETFE)膜覆盖,中间填充空气,具有较好的保温效果。屋顶上装有太阳能热传感器,而墙体内的相变材料 PCM(Phase Change Material)可根据温度在固态和液态之间转变,从而调节室内温度。另外,废水通过收集用以冲洗马桶,最终净化后排入水体。漂浮亭可以容纳 500 人参观,其中礼堂可以容纳 150 人,目前各种会议和活动在漂浮亭举行,独特的外观也使其成为港口的新地标。建筑漂浮在 Rijinhaven 港口,并与海面直接相连,能面对较大的潮汐变化。漂浮亭的建成,对于未来漂浮社区的探索具有重要里程碑意义(图 7-33)。

• 漂浮森林(Bobbing Forest)

漂浮森林位于漂浮亭西侧(图 7-34)。项目受到 Jorge Bakker 的艺术作品"In Search Of Habitus"的启发,该作品通过装置艺术的形式探索了城市居住模式和自然的关系(图 7-35)。后来艺术品公司 Mothership 采用了相似的理念,在 2014 年进行了模型实验,并在 2016 年将其实物化建成了这个作品。项目强调使用材料的可持续性,如 20 棵树木全部捐赠自鹿特丹树木银行,所有的种植池均改造自被替换下来的铁质浮标(目前海上的浮标被替换成合成材料)。在植物选择上也经过反复试验,在范霍尔·拉伦斯坦大学师生的协助下,最终选择合适的树种荷兰榆,它

图 7-33　漂浮亭

资料来源：hpbmagazine. org

生长迅速，抗风和抗水湿性能都较好，能耐受一定的盐水，且不需要频繁的修剪和维护。在漂浮的种植池上设有量尺，可以随着海水起伏，并显示海平面的高度，通过这种方式人们可以更加直观地认识到气候变化和海平面上升的问题。该项目作为一系列港口开发的子项目，将和更多的项目一起把 Rijinhaven 变成创新和可持续发展的实验港。

图 7-34　漂浮森林

资料来源：www. dobberendbos. nl

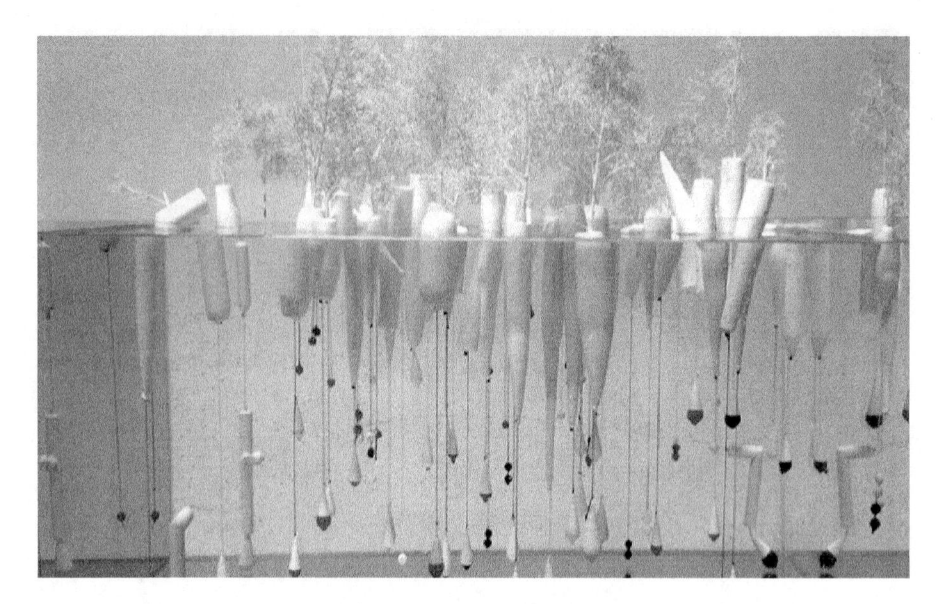

图 7-35　In Search Of Habitus

资料来源：www. dobberendbos. nl

• 再生公园(Recycled Park)

再生公园位于漂浮亭旁边，由鹿特丹环境组织再生岛基金会(The Rcycled Island Foundation)组织设计，占地约 140 m^2，建成于 2018 年。根据荷兰基础建设与环境部(Ministry of Infrastructure and the Environment)的调查，每年约有 1 000 m^{3}塑料垃圾沿着默兹河(Meuse River)流入北海。为了缓解环境问题，再生岛基金会历时 5 年展开这个公园的筹备建设。他们在河口建立数个浮标垃圾截留站，依靠水流推力收集漂浮过来的垃圾，避免塑料废弃物流入海洋。他们将这些垃圾过滤、分类，再利用热压、焊接以及 3D 打印技术制成多个六边形种植池。公园由这些种植池连接而成，并堆叠成不同的高度，在其上种植不同的植物，其下通过绳索与海床相连，其面积也可以通过增加种植床不断扩展。种植床底部通过增加空隙和粗糙度来为生物提供栖息场地，使植物可以依附其上，鱼类可以在上面产卵。再生公园位于一条运河的出口，能够为从内陆进入海洋的鱼类和鸟类提供休憩的场所，并为它们进入深海做准备。除了生态功能，有些六边形被做成座椅形状，人们可以在此闲谈并观赏水边风景(图 7-36)。

7.3.6　地下空间蓄水

在“水计划 2”中，鹿特丹就曾经提出多种增加城市中心蓄水能力的愿景，地下车库结合蓄水就是其中一种。其优点是不占用额外的公共空间，这在寸土寸金的

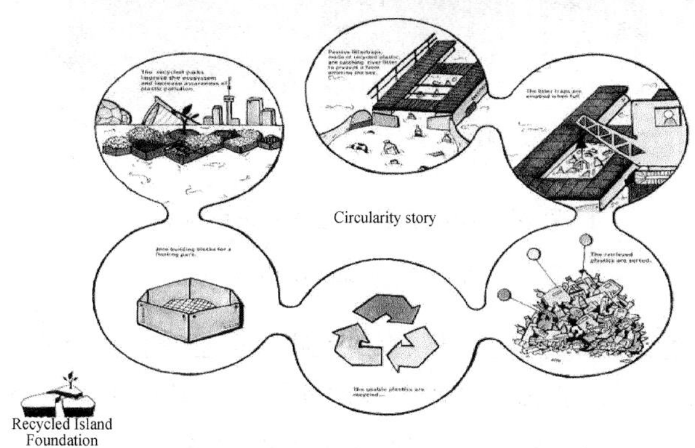

图 7-36 再生公园

资料来源:The Recycled Island Foundation

城市中心显得尤为重要,同时,较大的停车场空间也能提供大容量的储水能力。缺点是需要额外的资金投入,并需要预先进行规划。

如博物馆公园位于鹿特丹市中心。周围被一系列重要公共建筑环绕,如自然历史博物馆、范博宁恩美术馆、伊拉斯姆斯医疗中心、荷兰建筑学院、艺术厅、沙博博物馆和国际博物馆等。2001 年该区域遭遇严重洪水,经鹿特丹市公共工程部门调查发现,该区域需要额外 40 000 m^3 的储水能力才能应对极端降雨。

博物馆公园的地下停车场不仅能够容纳 1 150 辆车,还能储蓄雨水,项目共投资 720 万欧元①。博物馆公园地下停车场是荷兰最大的地下水库之一,能够容纳 10 000 m^3 水量,相当于 4 个奥林匹克运动会游泳馆泳池的蓄水量。水库位于车库出入口的斜坡下,充分利用剩余空间(图 7-37)。遇到暴雨天气,当城市雨水管网不能快速排走地面积水时,地下水库的阀门就会打开,半小时内就可储蓄

① Nooijer R. de, Vasthouden van regenwater in de openbare ruimte van Rotterdam[N]. Presentatie, 2011.

10 000 m^3的雨水。而当暴雨结束、雨水管网恢复正常之后,水库中的水又可以缓慢地排入下水道,起到错峰排流的作用。

图 7-37　博物馆公园地下停车场水库

资料来源:Gemeente Rotterdam

除了地下停车场作为蓄水空间,博物馆公园地面还建有一个水广场。人们可以与喷泉嬉戏,享受水景。通过各种水的利用和储蓄方式在博物馆公园的展示,人们可以更加深刻地体会水和城市以及水与每个人的关系(图 7-38)。

图 7-38　博物馆公园地面水广场

资料来源:Gemeente Rotterdam

7.4 鹿特丹未来风暴潮适应性景观基础设施动向

除了以上规模较小的项目外，鹿特丹正在筹划区域范围的弹性项目，如潮汐公园以及蓝色廊道，项目涉及范围较大，正在缓步推进中。

7.4.1 河流作为潮汐公园

荷兰 2006 年开始启动“还河流以空间(Room for the River)”战略，通过河流改道、堤坝搬迁、降低漫滩、新建滞洪区、绿色河流、降低防波堤等方式给河流预留洪泛区，达到与河流的共生。鹿特丹作为一个沿河而生的河口城市，天然与河流有着非常密切的关系。而如今鹿特丹城市高度开发，建筑物不断靠近河床，河流被渠化拉直。目前，鹿特丹拥有 360 km 的河岸线，其中 70%的驳岸被硬化，只有不到 10%被保留为自然河滩。河流作为联系鹿特丹与海洋的媒介，具有强大的生态潜力，不仅能够净化内陆的环境，增加生物多样性，也能增强城市应对气候变化和风暴潮的弹性。在未来的规划中，得益于强大的防御工事，鹿特丹对于河流的畏惧将更多地转化为对河流的利用。因此将河流作为潮汐公园的理念被提出，De Urbanisten 提出了相应的愿景(图 7-39)，2014 年鹿特丹市政府和水务局以及基础设施和环境部门共同采纳了方案并逐步推行。

规划的目标是将默兹河作为在城市中心的绿色空间，利用潮汐动态更好地为人们服务。一方面，潮汐公园利用默兹河较好的潮汐资源和宽广的消落带区域重塑生态环境，利用湿地、滩涂、生态驳岸等增强对风暴潮的适应能力；另一方面，拉近城市生活与默兹河的距离，利用落潮时的空间进行各类休闲活动。潮汐公园转变了城市与河流的关系，让两者之间更加融合，依靠公园的可淹性，主动适应洪水，而非被动抵抗。

De Urbanisten 在默兹河沿线选取了几块适宜的场地进行潮汐公园的设计，并通过与其他设计公司和开发商联合的方式进行概念的深化，通过提升环境以增加场地价值，让开发商和公众达到双赢。如在 Maashaven，将用于内陆运输的港口与潮汐公园相结合；在 WWF/ARK，突出其生态和休闲潜力；在 Hays ten Donck，将地产与河流重新紧密联系。

7.4.2 蓝色廊道

蓝色廊道(Blue Corridor)项目启动于 2012 年，预计 2022 年完成建设。蓝色廊道是一条蓝绿相连的生态廊道，跨越鹿特丹、巴伦查捷特(Barendrecht)、罗恩(Rhoon)多地，是集休闲娱乐、通航、水库多种功能于一体的大型区域性项目。

图 7-39　潮汐公园规划图

资料来源：De Urbanisten

由于项目的复杂性和跨区域性，为了保证项目顺利进行，8 个政府部门和组织通力合作，并将项目分成 6 个子项目同时推进。项目建成后，将对整个区域的水系统弹性产生巨大的影响，蓝色廊道能够作为大型水资源储蓄地，并形成城市与自然之间的联系，对生态环境的提升产生巨大的影响(图 7-40)。

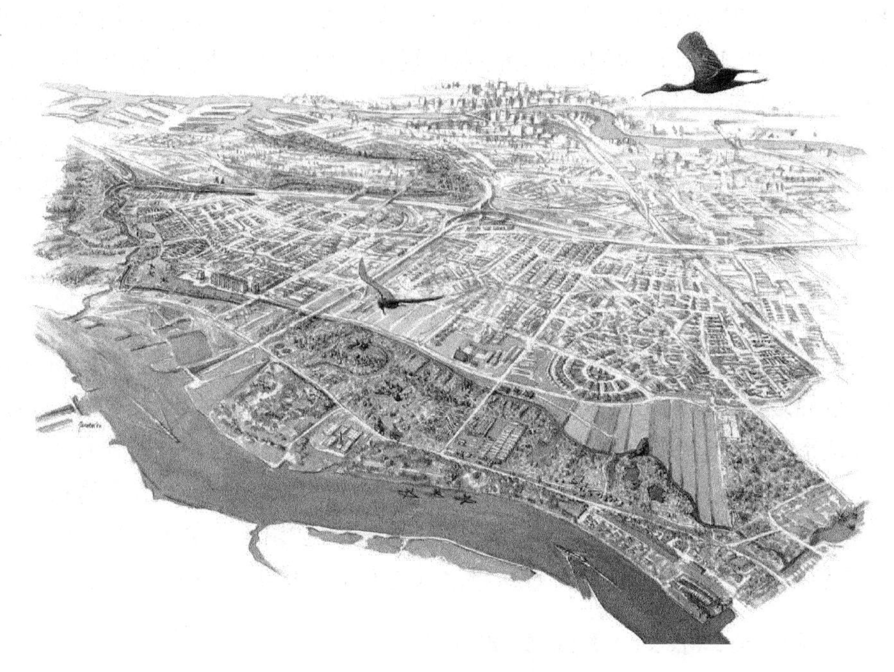

图 7-40 蓝色廊道规划图

资料来源:Brochure Fresh Water Buffer IJsselmonde

7.5 鹿特丹后风暴潮时代的战略转变

7.5.1 政府和个人角色的转变

与其他欧洲国家一样,荷兰也面临着政府部门权力的淡化和政府经费的削减,这从国家层面一直延伸到地方层面。另外,由于媒体的发展,个人和民间组织也更具有执行力。因此政府和个人的权力结构正在发生转变,甚至两者的边界正在慢慢融合。在应对气候变化和弹性建设中,传统的自上而下的管理方式已经不能够适应。政府部门需要更多地与个人合作,将自上而下与自下而上的两种方式相结合,同时通过拆分项目和任务,更多地将弹性建设向个体渗透。

7.5.2 对"洪水"态度的转变

由于国土面积大部分位于海平面之下,且历史上发生过严重的风暴潮灾害,荷兰人对水有种天然的恐惧,因此他们修筑了世界上最强大的洪水防御工事。基于强大的防洪设施,当代鹿特丹人很难想象城市被风暴潮侵袭的场景,更没有将气候变化转变为现实中的担忧。而在新的策略中，鹿特丹有意转变人们对洪水的态度。如水广场允许场地被淹，他们将极端降雨可视化，让人们看到城市依然面临巨大的危机；也让弹性建设可视化，让人们知道鹿特丹正在采取措施打造一个更加弹性的未来。同时，鹿特丹开始与洪水共生，将雨洪接纳进日常生活并将其利用，无水时发挥无水的功能，有水时发挥有水的功能。如水广场被淹后成为人们同样喜爱的水景并展开新的活动。

7.5.3 硬性抵抗到弹性适应的转变

鹿特丹传统的风暴潮防御手段是建造越来越强大的硬性灰色基础设施，如他们拥有世界最高防洪标准的防洪堤，埃菲尔铁塔尺度的防洪闸，以及四通八达的排水渠和地下管道，这些设施都硬性地将洪水阻挡在外。但是在新的时代背景下，鹿特丹采取更多弹性的措施，一方面允许水的渗透，如雨水花园和蓄水设施；另一方面随着水而变化，如漂浮社区和潮汐公园。新的策略强调与水共事、尊重自然的规律，给水留出更多的空间，这是一个从将水视为对手到将水作为盟友的转变。

7.5.4 从浩大工程到见缝插针的转变

荷兰以其大规模、高标准的防洪设施而著称，如建成于20世纪30年代的须德海工程，长达30多km，形成巨大内湖，为荷兰争取了1 650 km^2土地；建成于20世纪80年代的三角洲工程，安装了62个巨型活动钢板闸门，该项工程技术复杂，其建设难度堪比“登月计划”。应对气候变化，鹿特丹基础工程已经趋于完善，城市逐渐以查漏补缺、见缝插针式的建设提高城市弹性。另一方面，自2008年经济危机以来，公共部门日渐式微，建设部门缺乏足够的资金进行大规模的建设开发，管理部门缺乏强有力的约束力进行监管。因此政府逐渐将权力下放，鼓励自下而上式的参与，通过小尺度的项目逐渐提升城市弹性。

7.6 实践中可借鉴的经验

7.6.1 将气候变化作为契机

传统思想将气候变化及其带来的风暴潮和极端降雨都视为灾害，但是在后风暴潮时代，气候变化成为强有力的推动因素，因为弹性适应性更新和开发势在必行，更容易得到民众和开发商的支持。

弹性开发整合区域发展。鹿特丹弹性设施的建设不仅作为应对气候变化的手段，更是区域综合发展的引子。可以借由适应性项目的建设，撬动城市发展的利益链条。如多功能堤坝的建设,公共部门将启动资金用在堤坝的加固和抬高上,而新的大坝整合景观提升和房地产开发,吸引开发商的投资并增加地区的活力。与此同时,更高的防洪标准和更具有吸引力的环境也增加了地块的价值,促进了经济的发展。

弹性规划作为催化剂,促进社会凝聚力。在应对气候变化和风暴潮的弹性建设中,鹿特丹各方各面展现出非常高的参与性。不仅因为"与水而生"的思想融入鹿特丹人的血液里,更因为人们共同看到了弹性建设的必要性和紧迫性。如在ZoHo项目中,年轻的企业以此为试验场,进行各种新技术的实践;社区居民亲自动手维护环境的安全;开发商通过加大防洪安全和提升环境质量以增加场地价值。

荷兰的整体经济水平发达,鹿特丹的弹性建设走在世界前列。当其他国家仍在以高投入强政府力量进行弹性建设时,鹿特丹已经跨过这个过程进入后风暴潮时代。而这也将是其他国家和地区的未来,以气候变化为契机,凝聚社会力量进行区域开发的策略,为其他地区提供了借鉴。

7.6.2 公共空间的复合开发

鹿特丹城市建设高度发达,建设用地接近"天花板",开发新的空间进行弹性建设举步维艰,而经济的衰弱也很难维系弹性项目的持续开发。因此,其适应性策略转向复合开发,或通过改造将弹性功能附加在原有项目之上,或将新的开发融入弹性功能。

鹿特丹充分利用存量空间进行再开发,城市发展从"新"的绿地开发转向"旧"的棕地治理。鹿特丹重新审视城市建成区,将硬化的地面提升为透水地面;将城市广场转变为水广场;将建筑屋顶开发为绿色屋顶;将一般街道打造为气候街道。鹿特丹在缓慢地将城市进行着翻新,动作不大,却在持之以恒的坚持中有不小的收获。如绿色屋顶项目,从几百平方米、几千平方米的屋顶改造慢慢累积,目前已经将360 000 m^2的存量空间转变为绿色空间。

鹿特丹也利用灰色基础设施与绿色基础设施的融合达到复合开发的效果。鹿特丹具有强有力的防洪基础设施,如大坝、运河、防洪闸等,构成了鹿特丹坚实的堡垒。这些灰色基础设施一方面保护着鹿特丹,使之成为世界最安全的河口城市,另一方面却因为其巨大的体量对城市空间产生割裂,影响城市活力。在新的时代背景下,这些基础设施需要强化和优化,鹿特丹借此机会融合更多功能,将绿色基础设施与之结合,如为大坝增加绿色空间、叠加自行车道等将其转变成环城绿道。灰色基础设施的复合开发建立在鹿特丹已经日趋完善的防洪系统之上,而复合更多的绿色功能,能够锦上添花,也能增加其防洪力度。

7.6.3 将弹性建设融入城市的毛细血管

鹿特丹充分利用小尺度空间进行开发,并充分发挥公众参与力量。

在新的时代,由于经济和空间原因,大规模的建设项目几乎已经终结,鹿特丹开始把注意力转向小尺度空间的开发,如街边几十平方米的雨水花园,见缝插针的生态种植池,随处安插的雨水桶等。而这些小尺度项目构成了鹿特丹气候适应策略的毛细血管,在城市里扮演重要的角色。如果所有的空间都能够通过一些小场地的更新解决当地的雨洪问题,那将为城市市政管网缓解巨大的压力。

小尺度的项目要在城市尺度发挥作用,需要涵盖整个城市,鹿特丹市70%都是私有土地,因此只有联合市民、组织和商业团体等民间力量才能完成。一方面,这些小尺度的项目操作简单,管理方便,投入较少,可以依托民间力量完成;另一方面,通过这些弹性项目的实施,也能创造更好的城市环境,提高居民生活质量,并提高归属感。如此,政府有限的经费可以用于其他更有作用和效率的地方。

为了调动公众参与,鹿特丹采取多种手段。在公共项目的建设中展开多次工作营和社区会议,充分征求居民意见,让其更有参与感;另外,也提倡自下而上式的规划,在气候适应的大框架下给予民间力量以空间和自由,甚至允许通过自发的研究和实践改变政府的规划;还有通过补助的方式鼓励公众参与,如绿色屋顶的建设中,政府补助起到了很好的推动作用。

7.6.4 充分利用智能工具

鹿特丹开发了一系列智能工具,帮助居民了解气候变化和风暴潮的危害,并为专业人士提供协助。

鹿特丹虽然大部分面积在海平面之下,也面临非常严峻的风暴潮威胁,但是由于强健的防御体系,鹿特丹市居民并不能想象城市可能面临的洪涝灾害。3Di计算机模拟技术能够在短时间内快速模拟鹿特丹在堤坝崩溃、极端降雨下的情景,让民众直观了解城市在气候变化大背景下的处境。这项技术不需要专业知识,每个人可以从PC或平板电脑上使用,只要一个按钮就可以看到鹿特丹遭遇风暴潮时的逼真场景。除了服务于大众,该技术也能为技术人员提供辅助,帮助探讨防洪策略,设计城市环境。

鹿特丹气候游戏(Rotterdam Climate Game)由鹿特丹气候防御计划支持开发。游戏以Feijenoord地区为例,游戏者可以了解目前城市采取的气候适应措施,并自行使用不同的措施应对不同的环境,而经费预算也需要被考虑。通过游戏模拟,人们可以了解城市开发、重建和气候防御之间的难题,并对城市的未来进行探索。

鹿特丹气候适应晴雨表(Climate Adaptation Barometer)是鹿特丹适应规划中一个有效的智能监测工具,它概括了城市适应性规划各个阶段的主要工作,包括按序排列的八个步骤。由于气候变化的不确定性,城市需要根据气候变化的未来趋势不断地对适应方案进行调整。该工具可以对实施后的适应性策略进行监测、评估和打分,有助于城市及时跟踪其实施进程,提高适应能力。

还有许多工具,如交互气候底图(Interactive Climate Atlas)能够提供城市气候变化地图,如温度、洪泛区、干旱、热浪等。还有鹿特丹气候社会成本分析(Rotterdam Climate Societal Cost Benefit Analysis),可以估算措施的远期经济和社会效益。这些工具都为建设更加弹性的鹿特丹提供了技术上的支持,而这些工具的开发都建立在充分的数据和完善的规范之上。

7.7 本章小结

本章通过鹿特丹作为实践案例,探索风暴潮适应性景观基础设施的现实应用。首先介绍了鹿特丹的概况,其遭遇风暴潮的可能性和在风暴潮中的脆弱性,并介绍了鹿特丹在弹性建设方面的相关政策与计划;然后分别从水广场、绿色屋顶、弹性街区、多功能大坝等方面介绍实际案例,分析其弹性策略与实践效果;最后提出可以从鹿特丹实践中获得的经验。

8　上海——中国弹性景观建设思考

上海与纽约、鹿特丹存在着诸多相似之处。它们都是河口城市，直接面临海平面上升和风暴潮的威胁；它们都是重要经济中心、人口密集地，具有高度发达的城市中心；它们也都是重要港口、世界航运中心。纽约和鹿特丹的弹性建设经验可以给上海很好的启发，以上海为代表，我们可以思考中国弹性景观建设的未来。

8.1　上海与风暴潮

8.1.1　上海概况

上海位于长江三角洲前缘，长江与黄浦江入海汇合口，东临东海，南临杭州湾。上海是长江三角洲冲积平原的一部分，平均海拔高度 2.19 m，市总面积 6 340.5 km^2，其中陆域面积 1 041 km^2，水域面积 122 km^2。2019 年，全市常住人口2 428.14万人，GDP 38 155.32亿元，是中国最大的经济中心[①](图 8-1)。

图 8-1　上海市鸟瞰

资料来源：www. shanghai. gov. cn

① http://www. shanghai. gov. cn/shanghai/newshanghai/上海概览. pdf.

上海属于北亚热带季风性气候，2018 年全市平均气温 17.7 ℃，日照 1 839.1 h，降水量 1 407.9 mm。全年 65%以上的雨量集中在 4 月至 10 月。

至 2018 年末，上海市现辖黄浦、徐汇、长宁、静安、普陀、虹口、杨浦、浦东新区、闵行、宝山、嘉定、金山、松江、青浦、奉贤、崇明 16 个辖区(图 8-2)。

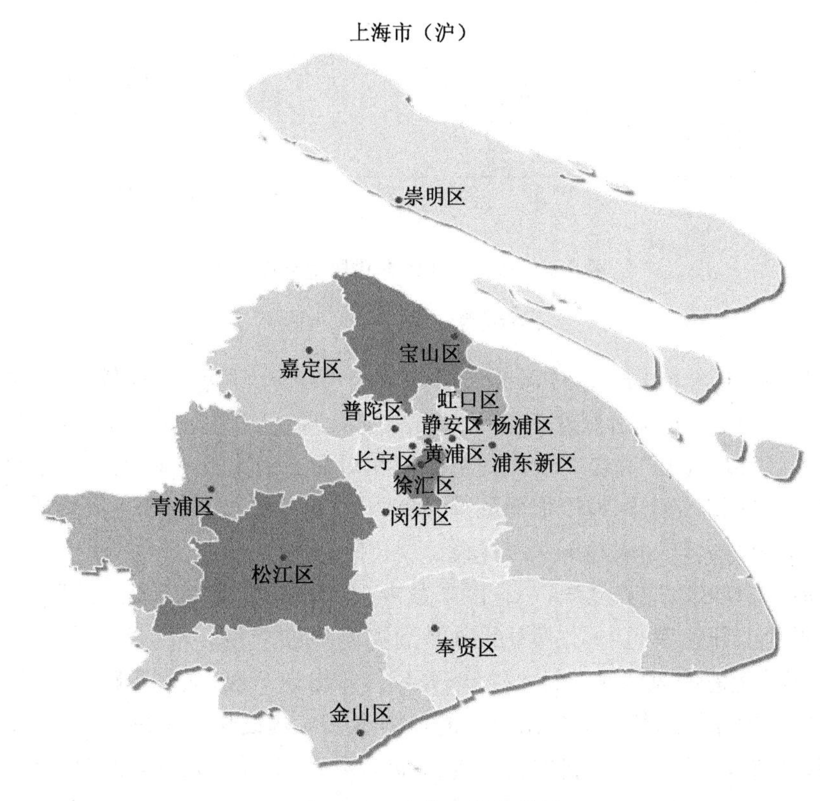

图 8-2　上海市行政辖区

资料来源：www. shanghai. gov. cn

8.1.2　上海面对风暴潮的脆弱性

受全球气候变化影响，中国沿海海平面变化总体呈波动上升趋势(图 8-3)。根据《2018 年中国海平面公报》，1980—2018 年，中国沿海海平面上升速率为 3.3 mm/a，高于同时段全球平均水平。海平面上升直接导致风暴的频率增加以及最大增水的提高。据估算，在长江三角洲沿海区域潮位相对较大的岸段，海平面上升 50 cm，将可能使百年一遇的风暴潮位变为五十年一遇；而在潮差相对较小的其他岸段，海平面上升 20 cm，就可能使现今百年一遇的风暴潮变为为五十年一遇①。

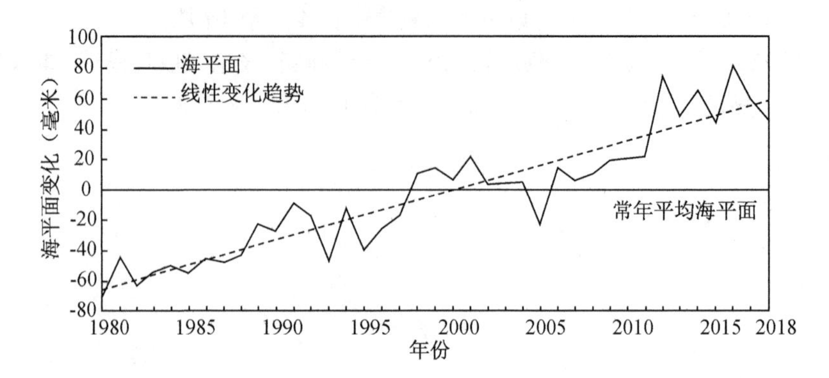

图 8-3　1980—2018 年中国海平面变化

资料来源：www. gi. mnr. gov. cn

2018 年，上海沿海 12 月海平面为 1980 年以来同期最高，较常年同期高 153 mm；7—8 月，上海沿海处于季节性高海平面期，海平面较常年高约 220 mm，处于 1980 年以来同期高位。上海周边海域相对海平面上升速率远远高于全球平均速率，主要原因是上海地区地面沉降现象明显，这一方面是由于上海地质相对松散，另一方面与大量抽取地下水和建设高层建筑有关。

上海三面环水，地势低洼，一直以来是中国风暴潮灾害频繁发生的区域，而较高的海平面上升速率也导致上海的风暴潮灾害更加严重。根据统计，1900 年到 2014 年影响上海的风暴潮共计 277 次，每年最多出现 7 次；从时间跨度上看，风暴潮呈现频次增加的趋势。近年来上海的经济和城市建设快速发展，一旦发生风暴潮灾害，其造成的经济损失将非常严重。1997 年 9711 号台风（温妮）是 1949 年以来对上海地区造成最大损失的风暴潮之一。它造成浙江、福建、上海等省市农作物受灾面积达 31 103 万亩，受灾人口达 4 377 万人，死亡 212 人，倒塌房屋 1 499 万间，直接经济损失达 250 亿元。表 8-1 统计了 20 多年来风暴潮灾害造成的人员死亡和经济损失情况，可见风暴潮对上海的影响非常重大。

表 8-1　上海 1992—2015 年风暴潮灾害情况

时间（年・月）	名称	最大增水（cm）	死亡人数（人）	经济损失（亿元）
2015.7	灿鸿	312	0	0.05

① 夏东兴，刘振夏，王德邻，等. 渤海湾西岸海平面上升威胁的防治对策[J]. 自然灾害学报，1993，2(1)：48-52.

（续表）

时间（年·月）	名称	最大增水（cm）	死亡人数（人）	经济损失（亿元）
2012.8	海葵	323	0	0.06
2011.8	梅花	159	/	0.12
2005.9	麦莎	241	7	13.58
2005.9	卡奴	320	/	3.7
2004.8	云娜	107	/	0.024
2004.7	蒲公英	142	/	0.1
2002.7	威马逊	219	6	0.021
2001.6	飞燕	120	/	0.02
2000.8	派比安	260	1	1.22
2000.8	桑美	170	/	0.15
1997.8	温妮	235	7	6.35
1996.7	贺伯	119	/	0.43
1995.8	詹尼斯	87	/	0.017
1994.8	弗雷德	117	/	0.005
1992.8	宝莉	134	/	0.05

资料来源：2000—2015年《中国海洋灾害公报》

8.2 上海弹性城市建设历程

上海的弹性建设在应对雨洪方面很大程度上和海绵城市的建设息息相关。

中央政府相关部门在2014—2015年间开始推进海绵城市试点建设，2016年，上海入选第二批海绵城市试点，并发布《上海市人民政府办公厅关于贯彻〈国务院办公厅关于推进海绵城市建设的指导意见〉的实施意见》。意见将上海分为外圈、中圈、内圈三个层次并分别制定目标，计划到2050年将海绵城市区域扩展到200平方公里，并在浦东新区、松江区、普陀区三个地区率先进行试点建设。

2015—2016年《上海市海绵城市建设技术导则（试行）》《上海市海绵城市建设技术标准图集（试行）》《上海市海绵城市建设指标体系（试行）》一系列导则出台，为上海海绵城市的建设提供了技术指导和规范。

2018年3月，上海市通过了《上海市海绵城市专项规划（2016—2035年）》，全面推进海绵城市建设。6月，上海市发布《上海市海绵城市规划建设管理办法》，进一步落实了海绵城市规划、设计、管理的要求。同年12月，上海市发布了海绵城市的16个试点地区，这16个试点地区分布于上海市区、郊区的各个方面，如黄浦江沿岸的地区、市中心区的重点建设区域以及郊区的重点建设区域。

整体来说，上海在海绵城市建设方面取得了较大的进展，各类政策和规划导则的制定也提供了实施的基础，但目前海绵城市的实施主要停留在各试点和示范区，全市范围内推进进程较为缓慢。而弹性城市是相对较新的理念，目前正处于规划起步阶段，弹性城市的内涵更加广泛，并直接对各类危机做出回应。

2016年8月，《上海市城市总体规划(2016—2040)》(草案)将"韧性城市"作为其中一章。提出应对气候变化，将推进绿色低碳发展；通过完善防汛排涝体系、推进海绵城市建设和控制地面沉降以应对海平面上升；同时采取措施应对极端天气和热岛效应；通过综合提升生态品质、改善环境质量、完善城市安全保障来提高城市弹性。

对应总体规划，同年《上海市综合防灾专项规划》出台，对台风和潮灾、暴雨内涝、洪水三类灾害进行了空间分析，提出全市风水灾害分布图。规划指出，全市的风水灾害防御重点是沿海沿江的风暴潮、洪水，以及黄浦区、浦东新区中心城区的暴雨内涝灾害，中心城区东部和南部、浦东新区西北部、闵行区东北部则可能涉及汛期内涝灾害。

8.3 上海弹性景观建设与思考

8.3.1 宏观层面

由于水生态系统是跨越行政边界而互相联系的，上海的弹性景观建设也必然从区域角度进行统筹。上海位于长江流域、太湖流域的下游，长三角和太湖流域有着丰富的生态资源，通过调动区域的水生态能够更好地发挥漫滩、浅滩、湿地、水库等的弹性作用，构建风暴潮的缓冲区域。

2017年，上海与江苏在太湖流域共同开始重大防洪工程——吴淞江泄洪工程，该工程在上海段有53 km，建成后，来自太湖的相当一部分洪水将从青浦斜插上海西北部，在宝山处直入长江。通过大规模的分流，减少太湖洪水对青浦地区、黄浦江沿线、苏州河沿线(尤其是市中心)的冲击①。可见在防洪基础设施方面区域联合已经取得一定的成果，而生态系统的融合仍然任重道远。未来长江口、东海海域、环太湖、环淀山湖、环杭州湾的生态区域需要进行联动。其中，东海湿地区域

① 周冯琦，汤庆合.上海资源环境发展报告(2017)弹性城市[R].北京：社会科学文献出版社，2017.

应当与苏州东海海域湿地形成连接，共同形成滨海生态防护带；杭州湾沿岸生态湾区应当加强与浙江嘉兴、平湖之间的衔接，推动杭州湾沿线生态岸线的恢复和开发。另外通过林地绿地、生态环境的修复，共同形成长江生态廊道以及滨海生态保护带，强化太湖流域的生态连接，联合黄浦江和吴淞江形成重要的区域性生态廊道。在空间上形成衔接，并通过绿色网络进行串联，形成区域一体的生态网络（图8-4）。区域的联合可以通过一些政策和经济机制进行刺激，如加大落实省际流域双向生态补偿，对周边临近乡镇进行经济补偿等。

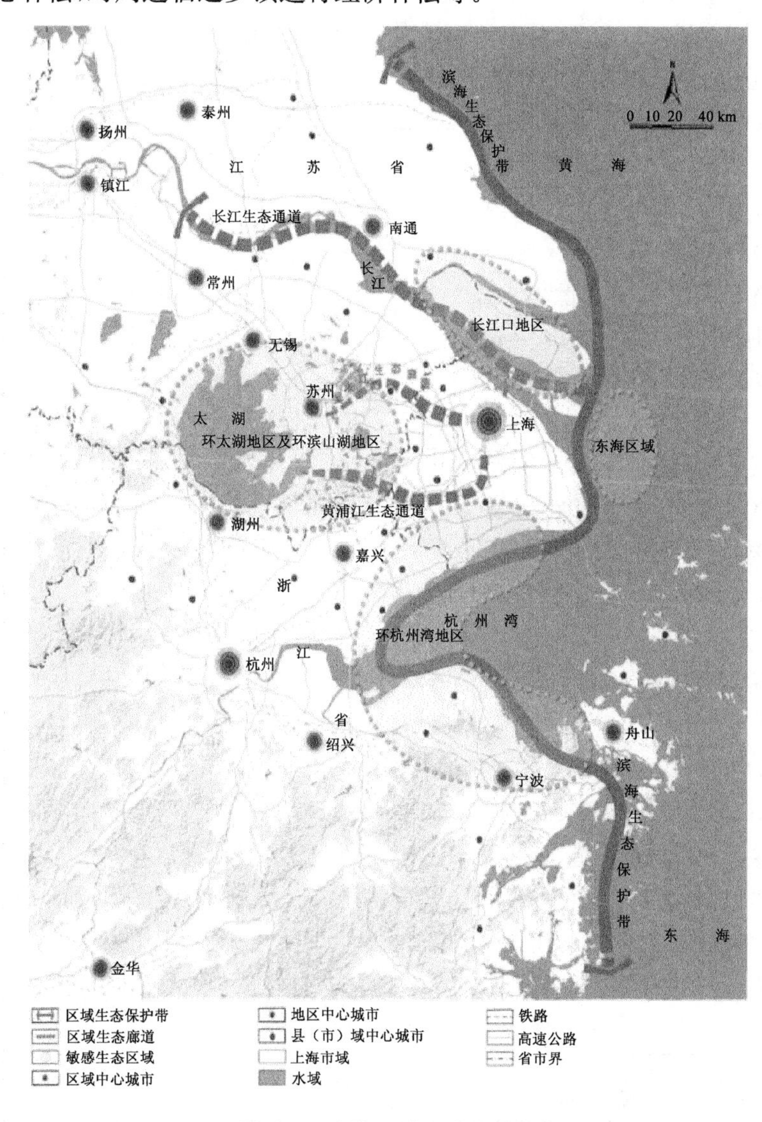

图 8-4　上海区域生态空间网络

资料来源：《上海市城市总体规划(2016—2040)》

8.3.2 中观层面

在防洪灰色基础设施方面，上海近年来投入了较大的人力与物力，但面临日益严峻的气候环境依然具有较大的风险。如 2014 年上海的排水管道密度为 3.31 km/km²①，虽然在全国处于领先地位，但是考虑到城市体量和面临的风暴潮强度仍显不足，特别是对比国外发达国家，如德国达到了 10 km/km²②。而在防洪堤建设方面，2008—2010 年间上海防洪堤总长度有所下降（从 1 014 km 到 1 009 km），2011—2014 增幅也较为缓慢（从 1 119 km 到 1 159 km）③，而考虑到城市扩张和人口膨胀的因素，表明防洪堤建设重视程度不够。

防洪设施的欠缺需要景观基础设施的弥补，尽管近年来上海绿化覆盖率有所增长，但在国内一线城市中仍然偏低（图8-5）。近年来随着建设用地大量增长，生态空间被不断压缩，2013 年底生态用地仅有 3 760 km²，野生动物栖息地从 2008 年的 45 处到 2012 年仅剩 17 处。生态系统具有强大的吸纳能力，能够在风暴潮来袭和极端降雨时起到调节和集蓄地表径流的作用，生态空间的退化将直接影响城市的弹性。中观尺度的弹性景观主要存在于市域范围内的生态走廊、绿道、区域性的公园、大面积的滩涂湿地等。

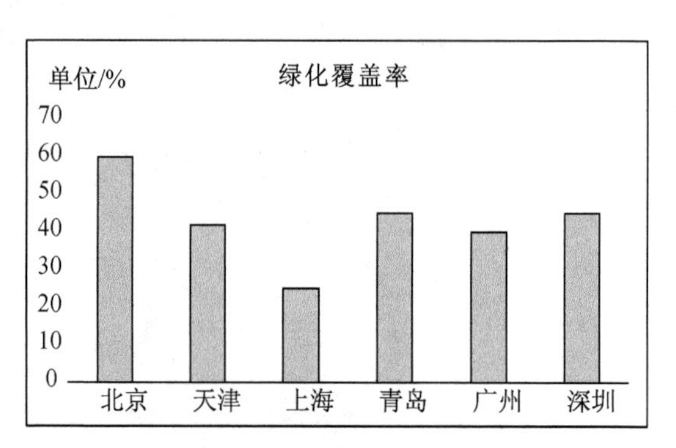

图 8-5 中国城市绿化覆盖率对比

资料来源：《中国城市统计年鉴》

• 生态走廊

在灰色基础设施的保障之上，应当加强生态走廊作为市域绿色基础设施的基本结构。上海市城市总体规划提出，到 2040 年，在上海市将形成嘉宝、嘉青、青松、黄浦江、大治河、金奉、浦奉、金汇港、崇明等 9 条市级生态走廊，控制宽度在 1 000 m 以上，市域生态走廊内森林覆盖率达到 50%以上，建设用地占比控制在 10%以内。同时构建外环绿带和近郊绿环，以及 10 片生态保育区，形成"双环、九廊、十区"的多层次、成网络、功能复合的生态结构，从而起到蓄洪、渗透、汇水一体联动的弹性作用（图 8-6）。

---

① 中国城市统计年鉴，2015.

② 唐建国，曹飞，全洪福，等. 德国排水管道状况介绍[J]. 给水排水，2003，29(5)：4-9.

③ 上海统计年鉴，2008—2014.

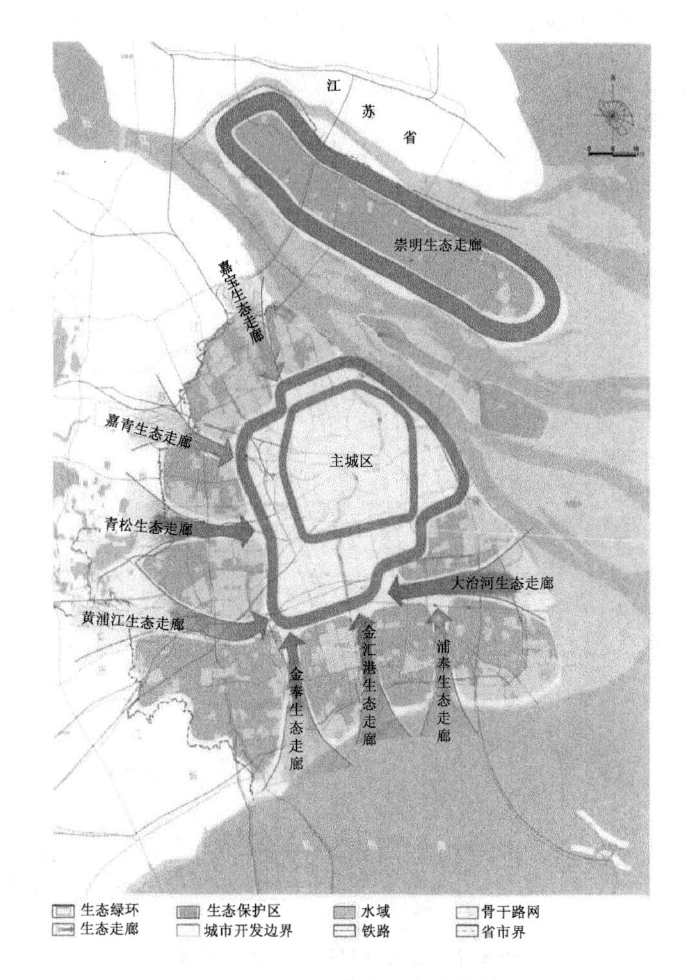

图 8-6 上海市生态结构图

资料来源:《上海市城市总体规划(2016—2040)》

• 区域公园

至 2018 年末，全市 7 个郊野公园(一期)建成运行，分别为青西郊野公园、长兴岛郊野公园、廊下郊野公园、浦江郊野公园、嘉北郊野公园、广富林郊野公园和松南郊野公园。城市公园总数达 300 座，其中 281 座向公众免费开放。至 2018 年末，人均公园绿地面积达到 8.2 m^2。而上海市城市总体规划提出，到 2040 年在市域范围内建成 30 片大型郊野公园(图 8-7)，结合生态廊道建设面积 50 hm^2 以上的大型城市公园，每个郊区新城建成一处面积 100 hm^2 以上的大型城市公园，预计到 2040 年全市人均公园绿地面积达到 15 m^2。在此规划基础之上，公园的设计应当充分发挥其雨洪调蓄作用，收集周边汇水，减轻当地市政管网的压力，并加强公园绿地与周边市政管网、河道的联系性，明确各个系统在雨洪中承担的分工。

图 8-7　上海市郊野公园选址规划图

资料来源:《上海市郊野公园布局选址和试点基地概念规划》

• 滨水空间

上海作为河口城市，河网密布，共有 33 127 条河道，总长 24 915 km，面积为 569.6 km^2，河湖面积占上海的 1/10①，如果能够充分发挥其泄洪排流能力，将对弹性城市的建设产生巨大的积极影响。而从上海现状的城市空间格局来看，滨江沿海地区的防护绿带仍显不足，需要灰色基础设施与绿色基础设施融合发展，在滨江、滨河、沿海等地区保留充分的绿色开放空间。另外，上海河道岸线硬化严重，在城市发展的过程中，为了防止河岸崩塌和方便管理，上海市大部分河道都进行了硬化，破坏了河道的自然属性，其滞留蓄水和生态净化能力几乎丧失。但上海近来也

① 戴慎志. 上海海绵城市规划建设策略研究[J]. 上海城市规划，2016(1)：9-12.

在滨河空间开发上面取得了明显的成绩。如 2015 年底,浦东启动了黄浦江东岸滨江开放空间贯通工程。贯通工程从杨浦大桥至徐浦大桥,全长22 km,面积达 220 hm^2,总项目 28 项(图 8-8)。到 2017 年底,上海黄浦江两岸 45 km岸线的公共空间全线贯通,拓展了两岸的绿化空间,强化了防汛能力。未来的弹性建设应当向中小型河流渗透,有空间和潜力的进行河道近自然化改造,没有空间的通过生态浮床、生态驳岸等提高河流弹性。

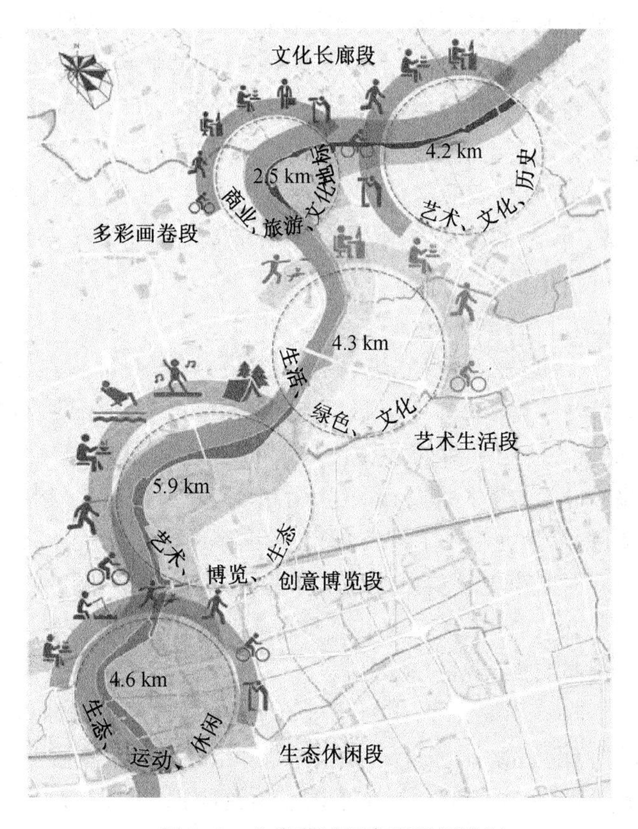

图 8-8 上海黄浦江东岸贯通计划

资料来源:黄浦江东岸滨江开放空间贯通方案设计

• 滩涂湿地

随着上海城市化进程的推进,20 世纪 50 年代到 2000 年初,上海共围垦滩涂 100 余万亩,造成了湿地滩涂的严重退化。而随着上海保护生态环境的意识逐渐加强,上海用近 10 年时间将湿地保护率提高了 12 个百分点,新建湿地 5 000 多 hm^2。2018 年全市湿地面积近 46.46 万 hm^2,其中 85%为自然湿地,15%为人工湿地。近海和海岸湿地约占 3/4,对抵御风暴潮起到重要作用;而湖泊河流湿地共计只有 13 000 hm^2,对抵御汛情作用不明显①。在未来的弹性城市建设中,湿地的保护和恢复仍将是重要任务。

8.3.3 微观层面

弹性城市的建设应当融入城市的各个方面,甚至是城市的毛细管网之中,新增

① 上海市林业局,华东师范大学河口海岸国家重点实验室,等.上海市第二次湿地资源调查报告[R]. 2015.

雨水花园、透水广场、生态停车场、绿色屋顶等景观设施，通过就地解决雨洪问题减轻城市市政压力。在上海密集的建成区，城市建设已经接近“天花板”，逐渐从“大拆大建”转向存量空间的更新。2015 年 5 月，上海出台《上海市城市更新实施办法》，标志着上海城市更新模式的转变，在弹性景观的建设方面也应当与时俱进，与存量空间更新相结合。在微观尺度，弹性景观主要存在于生态洼地、绿色街道、绿色屋顶、雨水花园、透水路面、雨水储蓄桶、地下滞留系统等，并在社区和地块层面发挥作用。

• 社区微更新

上海是全国率先进行社区微更新的城市，也在此方面取得了较大的成果。2015 年《上海市城市更新实施办法》颁布，上海市政府提出了“城市有机更新”的理念，并注重公众参与和微治理。2016 年 7 月发布的《上海市街道设计导则(公示稿)》、2016 年 8 月发布的《上海市 15 分钟社区生活圈规划导则(试行)》等一系列文件，逐渐完善了上海市城市微更新的规范体系。2018 年，上海市规划和国土资源局对城市更新项目开展了专题研究，最后一类更新对象主要针对上海中心城区的公共空间，在既有法定规划的基础上，对零星地块、闲置地块以及小微公共空间进行品质提升和功能更新。

除了政策文件，上海还进行了一系列微更新的行动计划，如 2016 年 5 月启动的“行走上海 2016——社区空间微更新计划”，包括 11 个微更新试点项目；2017 年的“行走上海”又新增 11 个试点项目(图 8-9)；又如 2018 年 2 月发布的《上海市住宅小区建设“美丽家园”三年行动计划(2018—2020)》；同时也举办城市艺术活动、各类设计挑战赛来推动微更新改造，如“上海城市空间艺术季”、上海城市设计挑战赛等。在政府机构、民间社会力量共同参与的情况下，上海涌现出一批优秀的微更新实践案例①。伴随 2017 年“行走上海”活动，上海开始推广社区规划师制度，通过专业人士和社区居民的共同参与推动微更新项目的进行。

上海的社区微更新是立足于微观、自下而上解决城市问题的良好尝试。上海存有大量老旧社区，由于建设年代久远，存在很大的内涝威胁。据国家规定的 2030 年全市 80%建成区达到海绵化的建设标准，未来老旧小区必然是改造的重点。弹性景观的建设应当充分利用社区微更新的条件和公众参与基础，在项目中进一步将弹性设计进行融合，如增加生态种植槽、雨水花园、绿色屋顶、雨水收集桶等。同时通过社区规划师及其他专业人士的引导，更好地将弹性理念在社区基层进行推广。

---

① 施立平. 多维度需求下的上海城市微更新实现路径[J]. 规划师，2019，35(增刊 1)：71-75.

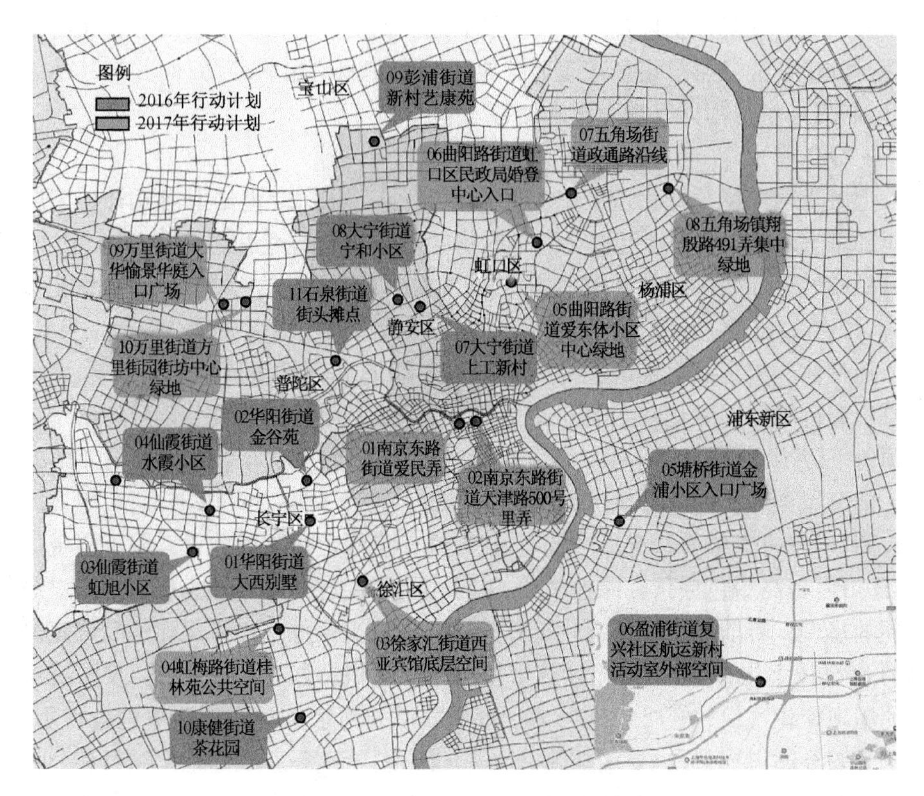

图 8-9　2016—2017 年“行走上海——社区空间微更新计划”项目试点分布图

资料来源:《规划师》,2019 年 01 期

• 雨水花园

雨水花园是在下凹绿地通过基质、植物、地下管网、雨水储存箱和灌溉系统共同配合组成的雨水管理系统。雨水花园结构简单,规模较小,适用性强,非常适合在城市微观层面广泛布局。上海从 2016 年推行海绵城市以来,建成了一些比较有代表性的雨水花园,如崇明雨水花园、上海辰山植物园雨水花园、上海西岸雨水花园等。上海的雨水花园多建在现成绿地中,并以控制地表径流为主,主要功能是收集绿地中的地面汇水。而污染较为严重的城市道路等却很少与雨水花园衔接,主要原因是目前对于雨水花园的净化能力和能承受的污水量没有确切研究,为了保证景观效果和降低养护成本而局限在雨水的收集,而很少发挥净化的功能。

上海的雨水花园建设目前尚处在起步阶段,分布比较分散,不能与其他绿色设施形成互相联系的系统。而且雨水花园的建设比较强调示范性,短时间内效果较好,却缺乏长期有效的运行机制。另外,雨水花园强调展示性,观赏性植物使用较多,但缺乏定量的研究和深入的实验,没有发挥雨水花园的最佳雨洪调蓄功能。随着日益严峻的气候环境以及风暴潮威胁，上海市应该进一步推进雨水花园的建设管理，推进相应的研究，培育适应上海地区雨水花园的植物新品种，并与其他学科配合，研究其量化数据以提高雨水储蓄能力。

• 绿色屋顶

上海是国内屋顶绿化发展比较早的城市之一。在 20 世纪上海就开始了屋顶绿化和垂直绿化，2010 年世博会的举行极大地推进了绿色屋顶的建造，“十二五”(2011—2015)期间则呈现井喷之势，其间共建立体绿化(绿色屋顶和垂直绿化)164 万 m^2。到 2016 年，上海共有 262 万 m^2 立体绿化，其中绿色屋顶 218 万 $m^2$①。

但目前的屋顶绿化推广主要局限于新建和改、扩建的平屋顶公共建筑，大面积的推广有待于屋顶绿化技术的开发和政策的进一步推广。如鹿特丹政府给予绿色屋顶每平方米 30 欧元的补助，极大地提升了鹿特丹应对风暴潮和极端降雨的弹性。上海屋顶绿化的补贴条件是屋顶绿化面积达到 1 000 m^2 以上，这个准入门槛比较高，未来可以结合情况适当放宽，以鼓励小型绿色屋顶的建设。除了资金的补助，还可以提高绿色屋顶在绿地率中的折算系数，促进开发商和企事业单位对绿色屋顶的建设。目前上海屋顶绿化折算绿地率的前提条件是地面绿化达到法定绿地率的 80%以上，未来可以细化计算依据，不同条件的地块分别考虑以鼓励新建建筑的屋顶绿化建设。还可以根据绿色屋顶截留的雨水量对企事业单位进行用水、用电等的补贴。当然，也要增加政策法规的刚性，特别是新建的地产项目和公共建筑可采取一定的强制措施；加大宣传力度，提高个人与企业对于屋顶绿化的重视。

8.4 本章小结

上海与纽约、鹿特丹在地理环境和经济结构上有着很大的相似性，也面临着日益严峻的气候变化和风暴潮的威胁。上海在弹性建设方面走在国内的前列，特别是近年来取得了很大的发展，但同时也面临着诸多的困难，相比于纽约和鹿特丹还有很大的提升空间。本章回顾了上海的弹性城市建设历程，并从宏观、中观、微观三个层面探讨了上海弹性景观的建设成果，并对未来的发展进行思考。上海代表着国内许多类似的河口城市，上海的建设经验与困境也能为其他城市带来启发。

① 陆红梅. 上海立体绿化三十年回顾：访上海市绿化委员会办公室[J]. 园林，2016(1)：78-83.

参考文献

·中文文献·

[1] 阿什利·斯科特·凯利，若林花子，赵彩君. 绘制群落交错区 展望盖特威国家游憩区[J]. 风景园林，2007(6):13-19.

[2] 彼得·纽曼,蒂莫西·比特利,希瑟·博耶,著. 弹性城市[M]. 王量量，韩洁,译. 北京：中国建筑工业出版社，2012.

[3] 陈崇贤，夏宇. 欠发达地区的风景园林设计：以“圣保罗”和“基贝拉”的环境改善项目为例[J]. 中国园林，2013，29(12):16-20.

[4] 陈崇贤. 河口城市海岸灾害适应性风景园林设计研究[D]. 北京：北京林业大学，2014.

[5] 陈吉余，陈沈良. 中国河口海岸面临的挑战[J]. 海洋地质动态，2002，18(1):1-5.

[6] 陈梦熊. 关于海平面上升及其环境效应[J]. 地学前缘，1996，3(2):133-140.

[7] 陈伟. 正确认识层次分析法(AHP 法)[J]. 人类工效学，2000，6(2):32-35.

[8] 程季泓. 漂浮居住景观形态规划设计研究[D]. 济南：山东大学，2012.

[9] DHV 集团,荷兰海洋资源和生态系统研究院,HOSPER 景观设计事务所. 与大海共生长的安全海水屏障:荷兰瓦尔登工程[J]. 景观设计学,2013(3):102-107.

[10] 冯潇. 现代风景园林中自然过程的引入与引导研究[D]. 北京：北京林业大学，2009.

[11] 葛玥. 城市河口形态绘制及其填海特征分析[D]. 天津：天津大学，2012.

[12] 国际能源网. 我国低碳经济发展路径选择和政策建议[EB/OL]. 2009-12-15. http://www.txsec.com/view/content_page.asp? id=385734.

[13] 洪盈玉. 景观基础设施探析[J]. 风景园林，2009(3):44-53.

[14] 薛鸿超. 海岸及近海工程[M]. 北京：中国环境科学出版社，2003.

[15] 华晓宁，吴琅. 回眸拉·维莱特公园：景观都市主义的滥觞[J]. 中国园林，2009，25(10):69-72.

[16] 黄桂林. 辽河三角洲湿地景观变化及驱动机制研究[D]. 北京：北京林业大学，2011.

[17] 黄小雪，罗麟，程香菊. 遥感技术在灾害监测中的应用[J]. 四川环境，2004，23(6):102-106.

[18] 简·雅各布斯,著. 美国大城市的死与生[M]. 金衡山,译. 南京：译林出版社，2006.

[19] 江必新，李春燕. 公众参与趋势对行政法和行政法学的挑战[J]. 中国法学，2005(6):50-56.

[20] 金鑫. 群力新区今年增绿 40 万平方米[J]. 哈尔滨日报,2008-03-13.

[21] 金元欢，沈焕庭，陈吉余. 中国入海河口分类刍议[J]. 海洋与湖沼，1990，21(2):132-143.

[22] 康婧，蒋云钟，甘治国，等. 河口海岸生态环境研究现状及发展趋势[J]. 水利水电技术，2012，43(2):22-25.

[23] 李加林，张殿发，杨晓平，等. 海平面上升的灾害效应及其研究现状[J]. 灾害学，2005，20(2):49-53.
[24] 李晶竹，赵越. 绿毯逐波：顺应潮洪的海岸带地景城市[J]. 中国园林，2008，24(10):27-30.
[25] 李林林. 滨海区域生态环境建设及雨水资源利用研究[D]. 大连：大连理工大学，2006.
[26] 李平日. 必须重视海平面上升对沿海水利建设的影响[J]. 人民珠江，1993，14(5):6-9.
[27] 李树华. 防灾避险型城市绿地规划设计[M]. 北京：中国建筑工业出版社，2010.
[28] 李玮玮. 从景观规划设计的角度论城市防灾的策略[D]. 上海：同济大学，2006.
[29] 李宪文，林培. 城郊耕地利用景观分析与评价研究[J]. 河北农业大学学报，1998，21(4):90-95.
[30] 林岭. 人员密集公共建筑安全分级评价初探[D]. 重庆：重庆大学，2006.
[31] 刘丹，华晨. 弹性概念的演化及对城市规划创新的启示[J]. 城市发展研究，2014，21(11):111-117.
[32] 刘家琳. 基于雨洪管理的节约型园林绿地设计研究[D]. 北京：北京林业大学，2013.
[33] 刘江艳，曾忠平. 弹性城市评价指标体系构建及其实证研究[J]. 电子政务，2014(3):82-88.
[34] 刘俊. 关注风暴潮·巨浪·潮汐[M]. 北京：军事科学出版社，2011.
[35] 刘克修，袁文亚，骆敬新，等. 海平面上升：悄然发生的海洋灾害[J]. 海洋信息，2012(3):31-39.
[36] 刘伟. 平原潮汐河口地区城市设计对策及城市设计控制研究[D]. 天津：天津大学，2007.
[37] 刘贞，董文宇，周广柱，等. 滨海城市盐碱地园林绿化技术探讨[J]. 北方园艺，2008(4):180-183.
[38] 陆健健. 河口生态学[M]. 北京：海洋出版社，2003.
[39] 栾博. 台田景观研究：形态、功能及应用价值的探讨[J]. 城市环境设计，2007(6):26-30.
[40] 潘翠霞. 入海河口围垦引起灾变的景观生态机理分析与管理研究[D]. 杭州：浙江大学，2006.
[41] 孙毅. 盘锦双台河口湿地生态评价研究[D]. 沈阳：沈阳农业大学，2011.
[42] 王宁. 气候变化影响下长江口滨海湿地脆弱性评估方法研究[D]. 上海：华东师范大学，2013.
[43] 王青斌. 论公众参与有效性的提高：以城市规划领域为例[J]. 政法论坛(中国政法大学学报)，2012，30(4):53-61.
[44] 王善仙，刘宛，李培军，等. 盐碱土植物改良研究进展[J]. 中国农学通报，2011，27(24):1-7.
[45] 王文，谢志仁. 中国历史时期海面变化(Ⅰ)：塘工兴废与海面波动[J]. 河海大学学报(自然科学版)，1999，27(4):7-11.

[46] 王祥荣，王原. 全球气候变化与河口城市脆弱性评价：以上海为例[M]. 北京：科学出版社，2010.
[47] 王向荣，林箐. 西方现代景观设计的理论与实践[M]. 北京：中国建筑工业出版社，2002.
[48] 王御华，恽才兴. 河口海岸工程导论[M]. 北京：海洋出版社，2004.
[49] 王祯(元). 农书·农器图谱·田制门[M]. 王毓瑚，点校. 北京：农业出版社，1981.
[50] 温国平，程金沐. 海平面上升对珠江三角洲城市排水和河流水质影响预测[J]. 热带地理，1993，13(3)：201-205.
[51] 文桦. 从景观基础设施看事业新风景 访 LA 设计师格杜·阿基诺[J]. 风景园林，2009(3)：41-43.
[52] 吴硕贤，李劲鹏，霍云，等. 居住区生活环境质量影响因素的多元统计分析与评价[J]. 环境科学学报，1995，15(3)：354-362
[53] 吴涛，康建成，王芳，等. 全球海平面变化研究新进展[J]. 地球科学进展，2006，21(7)：730-737.
[54] 武强，郑铣鑫，应玉飞，等. 21 世纪中国沿海地区相对海平面上升及其防治策略[J]. 中国科学：D 辑　地球科学，2002，32(9)：760-766.
[55] 许晓青. 景观作为基础设施在城市边缘设计中的运用[D]. 北京：清华大学，2010.
[56] 颜梅，左军成，傅深波，等. 全球及中国海海平面变化研究进展[J]. 海洋环境科学，2008，27(2)：197-200.
[57] 叶舟，刘红. 海平面上升及其原因分析[J]. 黑龙江水专学报，1994(1)：22-26，31.
[58] 尹衍雨，王静爱，雷永登，等. 适应自然灾害的研究方法进展[J]. 地理科学进展，2012，31(7)：953-962.
[59] 俞孔坚，李迪华，刘海龙. “反规划”途径[M]. 北京：中国建筑工业出版社，2005.
[60] 俞绍武，任心欣，王国栋. 南方沿海城市雨洪利用规划的探讨：以深圳市雨洪利用规划为例[C]//中国城市规划学会. 城市规划和科学发展：2009 年中国城市规划年会论文集. 天津：天津科学技术出版社，2009.
[61] 约翰. O 西蒙兹，著. 景观设计学：场地规划与设计手册[M]. 3 版. 俞孔坚，王志芳，等译. 北京：中国建筑工业出版社，2000.
[62] 詹华，姚士洪. 对我国能源现状及未来发展的几点思考[J]. 能源工程，2003(3)：1-4.
[63] 张华. 海平面上升背景下沿海城市自然灾害脆弱性评估[D]. 上海：上海师范大学，2011.
[64] 张建锋，宋玉民，邢尚军，等. 盐碱地改良利用与造林技术[J]. 东北林业大学学报，2002，30(6)：124-129.
[65] 张金存，魏文秋，马巍. 洪水灾害的遥感监测分析系统研究[J]. 灾害学，2001，16(1)：39-44.
[66] 张士功，邱建军. 我国盐渍土资源及其综合治理[J]. 中国农业资源与区划，2000，21(1)：52-56.

[67] 赵庆良，许世远，王军，等. 沿海城市风暴潮灾害风险评估研究进展[J]. 地理科学进展，2007，26(5):32-40.

[68] 郑克白，范珑，张成，等. 北京奥林匹克公园中心区雨水排放系统设计[J]. 给水排水，2008，34(8):85-92.

[69] 周亮进. 闽江河口湿地景观格局动态研究[D]. 上海：华东师范大学，2007.

[70] 周正楠. 荷兰可持续居住区的水系统设计与管理[J]. 世界建筑，2013(5):114-117.

[71] 中华人民共和国住房和城乡建设部. 海绵城市建设技术指南:低影响开发雨水系统构建(试行)[S]. 北京:中国建筑工业出版社,2015.

[72] 左进. 山地城市设计防灾控制理论与策略研究[D]. 重庆：重庆大学，2011.

·外文文献·

[1] Adger W N. Social and ecological resilience: Are they related? [J]. Progress in Human Geography, 2000, 24(3):347-364.

[2] Akbari H. Shade trees reduce building energy use and CO_2 emissions from power plants [J]. Environmental Pollution, 2002, 116:S119-S126.

[3] Alberti M, Marzluff J M, Shulenberger E, et al. Integrating humans into ecology: Opportunities and challenges for studying urban ecosystems[J]. BioScience, 2003, 53(12): 1169-1179.

[4] Allenby B, Fink J. Toward inherently secure and resilient societies[J]. Science, 2005, 309(5737):1034-1036.

[5] American Society of Landscape Architects, et al. Sandy Success Stories[R]. New Jersey: Happold Consulting, 2013.

[6] Andersson T. Landscape urbanism versus landscape design[J]. Topos, 2010,71:34-36.

[7] Belanger P. Landscape as infrastructure[J]. Landscape Journal, 2009, 28(1):79-95.

[8] Bruner Foundation. Ruby Bruner Award for Urban Excellence: Brooklyn Bridge Park [R]. Bruner Foundation, 2011.

[9] Burden A M, et al. Vision 2020:New York City comprehensive waterfront plan[R]. New York City Department of City Planning, 2011.

[10] Carl F. Resilience: The emergence of a perspective for social-ecological systems analyses [J]. Global Environmental Change, 2006, 16(3):253-267.

[11] Clary E G, Snyder M. The motivations to volunteer theoretical and practical considerations[J]. Current Directions in Psychological Science, 1999, 8(5): 156-159.

[12] Corner J. Recovering landscape: Essays in contemporary landscape architecture[M]. Princeton Architectural Press, 1999.

[13] Corner J. Terra Fluxus[J]. Lotus International, 2012 (150): 54-63.

[14] Cumming G S. Spatial resilience: Integrating landscape ecology, resilience, and sustainability[J]. Landscape Ecology, 2011, 26(7):899-909.

[15] Department of Regional Development and Environment Executive Secretariat for Economic and Social Affairs Organization. Primer on natural hazard management in integrated regional development planning[R]. Organization of American States, 1991.

[16] Douglas E, Kirshen P, Vivian L, et al. Preparing for the rising tide[R]. Boston Harbor Association, 2013.

[17] Environmental Protection Agency. Inventory of US Greenhouse Gas Emissions and Sinks: 1990-2006[EB/OL]. https://www. epa. gov/ghgemissions/inventory-us-greenhouse-gas-emissions-and-sinks-1990-2006

[18] Eguchi R T, Huyck C K, Ghosh S, et al. The application of remote sensing technologies for disaster management[C]. The 14th World Conference on Earthquake Engineering, 2008.

[19] Ernstson H, van der Leeuw S E, Redman C L, et al. Urban transitions: On urban resilience and human-dominated ecosystems[J]. AMBIO, 2010, 39(8):531-545.

[20] Folke C, Colding J, Berkes F. Synthesis: building resilience and adaptive capacity in social-ecological systems[M]//Navigating social-ecological systems: Building resilience for complexity and change. Cambridge: Cambridge University Press, 2003

[21] Geldenhuys M A, Jonkman S N, Mather A A, et al. Coastal adaptation to climate change: a case study in Durban, South Africa[J]. Delft University of Technology, 2011.

[22] Gencer E A, et al. How to make cities more resilient: A handbook for local government leaders[R]. UNISDR, 2012.

[23] Goriup P. The Pan-European biological and landscape diversity strategy: Integration of ecological agriculture and grassland conservation[J]. Parks, 1998, 8(3): 37-46.

[24] Hale J D, Sadler J. Resilient ecological solutions for urban regeneration[J], Engineering Sustainability, 2012, 165(1): 59-68.

[25] Hill K, Barnett J. Design for rising sea levels[J]. Harvard Design Magazine, 2007(27): 1-7.

[26] Holling C S. Resilience and stability of ecological systems[J]. Annual Review of Ecology and Systematics, 1973, 4(1):1-23.

[27] Institute of Governmental Studies. Building resilient regions[R]. University of California, Berkeley, 2011.

[28] Jackson A, et al. A study of climate change in Hong Kong feasibility study[R]. Hong Kong: Environmental Protection Department, 2010.

[29] Klap K. A future design for a safe, sustainable and attractive landscape of the Eemsdelta-region[D]. Wageningen University and Research Centre, 2007.

[30] Kirshen P, Knee K, Ruth M. Climate change and coastal flooding in metro Boston: Impacts and adaptation strategies[J]. Climatic Change, 2008, 90(4):453-473.

[31] Lombardi D R, Leach J, et al. Designing resilient cities: A guide to good practice[M].

Bracknell: HIS BRE Press, 2012.

[32] McDaniels T, Chang S, Cole D, et al. Fostering resilience to extreme events within infrastructure systems: Characterizing decision contexts for mitigation and adaptation[J]. Global Environmental Change, 2008, 18(2):310-318.

[33] Mcinnes K L, Walsh K J E, Hubbert G D, et al. Impact of sea-level rise and storm surges on a coastal community[J]. Natural Hazards, 2003(30): 187-207.

[34] Nordenson G, Seavitt C, Yarisky A. On the water: Palisade bay[M]. Stuttgart: Hatje Cantz Publishers, 2010.

[35] Polèse M. The resilient city: On the determinants of successful urban economies[M]// Cities and Economic Change. London: Forthcoming Press, 2010.

[36] Pritchard D W. What is an estuary: Physical viewpoint[J]. Estuaries, 1967, 83:3-5.

[37] Rose A. Defining and measuring economic resilience to disasters[J]. Disaster Prevention and Management, 2004, 13(4):307-314.

[38] Rotterdam Climate Initiative. Rotterdam climate proof: Adaptation programme[R]. Rotterdam Climate Initiative, 2010.

[39] Saphinsley P, Judah I, et al. Where mitigation meets adaptation: An integrated approach to addressing climate change in New York City[R]. AIA NY Committee on the Environment, 2014.

[40] Tam L, et al. Climate change hits home: Adaptation strategies for the San Francisco bay area[R]. SPUR, 2011.

[41] Tanner T, Mitchell T, Polack E, et al. Urban governance for adaptation: assessing climate change resilience in ten Asian cities[J]. IDS Research Summary 315, 2009(01): 1-47.

[42] Waldheim C. The landscape urbanism reader[M]. Princeton Architectural Press, 2006.

[43] Waston D, Adams M. Design for flooding: Architecture landscape and design for resilience to climate change[M]. New York: John Wiley & Sons, 2010.

[44] Weller R. An art of instrumentality: Some thoughts on landscape architecture and the city now[M]//Blood J, Raxworthy J, et al. The mesh book: Landscape/infrastructure. Melbourne: RMIT University Press, 200

[45] Wolff V H. Storm smart planning for adaptation to sea level rise: addressing coastal flood risk in east Boston[D]. Massachusetts Institute of Technology, 2009.

图表来源

表 2-1　传统规划理念与弹性城市规划理念的比较

资料来源:作者整理

图 2-1　适应性循环和多尺度嵌套适应循环

资料来源:Gunderson L H, Holling C S.

表 3-1　风暴潮预警级别

资料来源:《风暴潮、海浪、海啸和海冰应急预案》

图 3-1　1991 年孟加拉湾风暴潮

资料来源:www. britannica. com

图 3-2　垂直式海堤

资料来源:wikipedia

图 3-3　混合式海堤

资料来源:wikipedia

图 3-4　铺面

资料来源:wikipedia

图 3-5　防波堤

资料来源:wikipedia

图 3-6　丁坝

资料来源:wikipedia

图 3-7　泰晤士河防洪闸

资料来源:wikipedia

图 3-8　丁坝对泥沙沉积的影响

资料来源:www. crd. bc. ca

图 4-1　深圳前海规划

资料来源:www. fieldoperations. net

图 4-2　Vall d'en Joan 垃圾填埋场公园

资料来源:www. batlleiroig. com

图 4-3　"千层饼"地图叠加

资料来源:《生命的景观》

图 4-4　西雅图煤气厂公园

资料来源:www. seattlemag. com

图 4-5　柯布西耶现代主义城市规划

资料来源：http://english.hosper.nl/
图 5-17　从上西区俯瞰中央公园
资料来源：www.google.com
图 5-18　Canal-yst
资料来源：作者自绘
图 5-19　西雅图滨水区各组方案
资料来源：《中外建筑》2005 年 04 期
图 5-20　沙丘
资料来源：作者自绘
图 5-21　湿地
资料来源：作者自绘
图 5-22　滞留池
资料来源：作者自绘
图 5-23　人造礁岛
资料来源：作者自绘
图 5-24　浮岛
资料来源：作者自绘
图 5-25　抛石驳岸
资料来源：作者自绘
图 5-26　灰色基础设施景观化
资料来源：作者自绘
图 5-27　BIG-U 鸟瞰图
资料来源：http://www.big.dk/
图 5-28　护堤与景观结合
资料来源：http://www.big.dk/
图 5-29　活动挡板
资料来源：http://www.big.dk/
图 5-30　海洋博物馆和开放空间
资料来源：http://www.big.dk/
图 5-31　诺德瓦德圩田项目平面图
资料来源：www.west8.nl
图 5-32　诺德瓦德圩田项目水泵和桥梁
资料来源：www.west8.nl
图 5-33　绿毯逐波
资料来源：《中国园林》，2008 年 10 期
图 5-34　小措施大收获
资料来源：http://www.farroc.com/solutions

图 6-1　纽约及五个行政区
资料来源:www. nationalgeographic. com
表 6-1　纽约历史上的风暴潮灾害
资料来源:www. nyc. gov
表 6-2　美国主要城市的洪泛区比较
资料来源:PlanNYC
图 6-2　1983 年和 2013 年纽约洪泛区地图
资料来源:FEMA
表 6-3　2013 年 NPCC 纽约气象预测
资料来源:NPCC
图 6-3　纽约预测洪泛区地图
资料来源:FEMA
图 6-4　Sandy 与 Katrina 风速和影响范围比较
资料来源:NASA
图 6-5　Sandy 与其他飓风的比较
资料来源:NOAA,UCAR
图 6-6　Sandy 淹没范围
资料来源: FEMA
图 6-7　Sandy 中的纽约
资料来源:www. nytimes. com
图 6-8　Sandy 中的布鲁克林大桥公园
资料来源:www. nytimes. com
图 6-9　布鲁克林大桥公园平面
资料来源: www. mvvainc. com/
图 6-10　布鲁克林大桥地形营造
资料来源: www. mvvainc. com/
图 6-11　抛石驳岸
资料来源: 作者自摄
图 6-12　盐沼湿地
资料来源: 作者自摄
图 6-13　花岗岩眺望台
资料来源: 作者自摄
图 6-14　Jane's 旋转木马
资料来源: New York Daily News
图 6-15　水滞留过滤系统
资料来源:Julienne Schaer
图 6-16　用于开发的区域

图 6-35　纽约被淹的公园和在洪泛区的公园
资料来源:DPR,FEMA
图 6-36　Sara D. Roosevelt 公园
资料来源:作者自摄
图 6-37　纽约的自然生态区
资料来源:DPR
图 6-38　小颈湾的人工湿地和污水处理厂
资料来源:NYC Environmental Protection
图 6-39　Gerritsen 溪
资料来源:DPR
图 6-40　纽约绿色街道分布图
资料来源:DPR
图 6-41　纽约绿色街道扩展图
资料来源:DPR
图 6-42　纽约街道树分布图
资料来源:DPR
图 6-43　Nashville 街和 Seagirt 大道的绿色街道
资料来源:DPR
表 6-4　纽约街道景观基础设施与风暴潮
资料来源:DPR
图 6-44　浮桥藻类公园平面图
资料来源:http://porturbanism.com/
图 6-45　浮桥藻类公园效果图
资料来源:http://porturbanism.com/
图 6-46　Water Proving Ground
资料来源:http://ltlarchitects.com/
图 6-47　Water Proving Ground
资料来源:http://ltlarchitects.com/
图 6-48　水上栅栏湾平面图
资料来源:On the Water/Palisade Bay
图 6-49　湿地、支墩、岛屿的景观结构
资料来源:On the Water/Palisade Bay
图 6-50　岛屿模型分析
资料来源:On the Water/Palisade Bay

图 7-1　鹿特丹鸟瞰
资料来源:RAS

资料来源:RAS
图 7-21　Wetzeedijk 段大坝
资料来源:RAS
图 7-22　Vierhavenstrip 屋顶公园与大坝改造前后对比
资料来源:Peter Van Veelen
图 7-23　Vierhavenstrip 屋顶公园鸟瞰
资料来源:Buro Sant en Co
图 7-24　Vierhavenstrip 屋顶公园通过斜坡与街区相连
资料来源:Buro Sant en Co
图 7-25　Vierhavenstrip 屋顶公园为社区增添活力
资料来源:Buro Sant en Co
图 7-26　阶梯大坝改造前后对比
资料来源:DELTA Rotterdam
图 7-27　Hilledijk 大坝改造前后对比
资料来源:Peter Van Veelen
图 7-28　ZoHo 弹性街区总体设计
资料来源:De Urbanisten
图 7-29　Katshoek 花园的单元及平面图
资料来源:De Urbanisten
图 7-30　公众参与 ZoHo 雨水花园的建设及第二阶段效果图
资料来源:De Urbanisten
图 7-31　Hofpleinlijn 高架桥改造前与改造后
资料来源:De Urbanisten
图 7-32　ZOHO 字体样式的雨水储蓄罐
资料来源:Studio Bas Sala
图 7-33　漂浮亭
资料来源:hpbmagazine. org
图 7-34　漂浮森林
资料来源:http://www. dobberendbos. nl
图 7-35　In Search Of Habitus
资料来源:http://www. dobberendbos. nl
图 7-36　再生公园
资料来源:The Rcycled Island Foundation
图 7-37　博物馆公园地下停车场水库
资料来源:Gemeente Rotterdam
图 7-38　博物馆公园地面水广场
资料来源:Gemeente Rotterdam

图 7-39　潮汐公园规划图
　　资料来源:De Urbanisten
图 7-40　蓝色廊道规划图
　　资料来源:Brochure Fresh Water Buffer IJsselmonde

图 8-1　上海市鸟瞰
　　资料来源:www. shanghai. gov. cn
图 8-2　上海市行政辖区
　　资料来源:www. shanghai. gov. cn
图 8-3　1980—2018 年中国海平面变化
　　资料来源:www. gi. mnr. gov. cn
表 8-1　上海 1992 年—2015 年风暴潮灾害情况
　　资料来源:2000—2015 年《中国海洋灾害公报》
图 8-4　上海区域生态空间网络
　　资料来源:《上海市城市总体规划(2016—2040)》
图 8-5　中国城市绿化覆盖率对比
　　资料来源:《中国城市统计年鉴》
图 8-6　上海市生态结构图
　　资料来源:《上海市城市总体规划(2016—2040)》
图 8-7　上海市郊野公园选址规划图
　　资料来源:《上海市郊野公园布局选址和试点基地概念规划》
图 8-8　上海黄浦江东岸贯通计划
　　资料来源:黄埔江东岸滨江开放空间贯通方案设计
图 8-9　2016—2017 年"行走上海——社区空间微更新计划"项目试点分布图
　　资料来源:《规划师》2019 年 01 期

致　谢

本书延续了我硕博求学期间的研究，在这 7 年的写作时间里我得到了多位老师和朋友的帮助，在此致以特别的感谢。

感谢恩师王向荣教授，恩师对我的求学道路产生了深刻的影响。王老师是风景园林行业的翘楚，是优秀的景观设计师和学者。他深厚的学识、严谨的治学态度以及富有远见的设计思想，都使我受益匪浅。同时，还要感谢师母林箐教授，林老师是我接触风景园林的启蒙老师，她独到的艺术品位、执着严肃的钻研精神，都激励着我在设计和研究的道路上不断前行。也感谢他们所在的北京多义景观规划设计事务所，为我提供诸多接触优秀项目的机会，更加感谢他们对我硕博期间的悉心关怀！

其次，要感谢我在哥伦比亚大学求学期间遇到的老师们，尤其是 Richard Plunz 教授、Kate Orff 教授和 Julia Waston 教授。我是在他们的影响下开始对弹性城市的研究，他们为我提供了非常多的资料和指导，并带领我实地考察了纽约的许多项目，这期间积累的材料也为本书奠定了基础。Kate Orff 教授是纽约弹性景观方面的领衔专家，她大胆假设、细心论证，完成了多个精彩的设计研究项目，激励我在这个领域继续探索。

另外，要感谢我的工作单位华东理工大学艺术设计与传媒学院，学院为我提供了非常好的研究环境，在学院领导和同事的鼓励下我才继续本书的写作，直到出版。

最后，特别感谢上海市教育委员会上海市“教育发展基金会晨光计划”(16CG72)的资助。

冯　璐

2020 年 1 月 16 日

作者简介

冯璐，浙江海宁人，北京林业大学风景园林专业博士，美国哥伦比亚大学建筑与城市设计专业硕士。现任教于华东理工大学艺术设计与传媒学院，主要从事风景园林规划设计的教学、研究工作。